家饌

江秋珠玉

U0212608

民初美食世家江太史传人

江献珠 编著

家馔

2

传家菜系列之二

34则饮食掌故，34道私家美味
取材全球，融合南北，创制全新食单
溯源传统饮食文化，探寻新式烹饪技法
追求入厨新境界

重庆出版集团 重庆出版社

本书中文简体版由香港万里机构出版有限公司授权
重庆出版社有限责任公司在中国大陆出版发行

图书在版编目（CIP）数据

家馔 2 /江献珠编著. ——重庆:重庆出版社,
2015.11

ISBN 978-7-229-10479-5

Ⅰ.①家… Ⅱ.①江… Ⅲ.①家常菜肴－菜谱 Ⅳ.
①TS972.12

中国版本图书馆CIP数据核字(2015)第225906号

版贸核渝字(2015)第092号

家馔2

JIAZHUAN 2

江献珠 编著

摄 影:梁赞坤
责任编辑:张立武
责任校对:李小君
封面设计:程 晨
版式设计:左源洁

重庆出版集团 出版
重庆出版社

重庆市南岸区南滨路162号1幢 邮政编码:400061 http://www.cqph.com

重庆出版集团艺术设计有限公司制版
自贡兴华印务有限公司印刷
重庆出版集团图书发行有限公司发行
邮购电话: 023-61520646
全国新华书店经销

开本:787mm×1092mm 1/16 印张:9 字数:180千
2016年1月第1版 2016年1月第1版第1次印刷
ISBN 978-7-229-10479-5
定价:33.80元

如有印装质量问题,请向本集团图书发行有限公司调换:023-61520678

前言

　　在饮食杂志上每星期供稿一篇，转眼近六年，常见而合乎健康的食材差不多都已用过，又不愿采用鲍参肚翅等珍贵作料，大有捉襟见肘之虞。

　　虽然决心要维持家族百年来的优良传统，也不甘舍本逐末去做些四不像的菜式，我仍不免因食材的全球化，沾染了一些洋味儿。我就算顽固，也不能不随波逐流，兼用一些外来的食材，加入一些现代烹调方法去演绎传统的传家菜。

　　在既定的条件下，一般的菜馔已做得差不多了，我转移到平生在家中吃到精粗俱备的食物。这些菜馔包括我儿时在祖父家中吃到的美食、在外国自学的家庭饭菜、教授烹饪知识时的课题、义务为美国抗癌会上门到会的古老宴席大菜和我留港时一日三餐的膳食，只要出自我家厨房，都可算是家馔了。

　　现今印刷技术突飞猛进，彩色图片已成食谱必备，因此操作步骤与食谱同样重要，在杂志上省略的图片，在本书内都有机会补回，便于读者边看菜谱边操作。附带的短文，多和家庭生活有关，显示家馔的特色。

　　希望读者喜欢这套小书，多加使用，也请饮食方家，不吝赐正。

江献珠

2009 年 11 月记于香港

目录

蔬菜

汤羹+小吃

"豕"和"豚"

年幼时明明读"豕"字为"耻"音，猪也；时移势易，再没有人称猪肉为"豕肉"，而冠以"尊贵"的"豚"字—黑豚、赤豚、红豚、蛇河极黑豚、鹿儿岛豚等等数之不尽。是不是只有称为"豚"的猪肉才够尊贵？不见得吧！怎么不见有人提到欧洲的猪肉，除了西班牙伊比利亚（Iberico）猪的肉外，以猪为贵的欧洲，怎不见诸经传。

伊比利亚的火腿，大家可以在高档的食品店或食店见到，但新鲜的伊比利亚猪肉，要经特别渠道订购，价格令你咂舌。每年母亲节，义子郭伟信的西班牙朋友，会替他弄来伊比利亚冰鲜猪肉，很奇怪，挑选的部分却是猪颈肉，伟信一定会用来做泰式的青咖喱，猪肉甘香软嫩，与充满香草味的椰汁同煮，我可以吃一大盘饭。

英国的巴克夏猪，可以算得上是欧洲猪的老祖宗，很多国家的猪和巴克夏猪交配，生产不同品种的猪。追本溯源，中国华南的黑猪种，以早熟、易肥和肉质好见称于世，在清代（约1760年），英国引进华南猪与本地猪交配成约克夏猪（Yorkshire）。自18世纪起，本地巴克夏猪（Berkshire）一直保持纯种，至后来英国政府为敦睦邦交，将猪种送给日本作礼物，方始外传。

德国人以猪为肉，政府定下严格的饲养环境卫生条例，完全杜绝旋毛虫的滋生，猪肉可以生吃。脍炙人口的鞑靼"牛"扒（Tartare steak），用的正是生猪肉。这些是小猪的肉，整只运到，或许是比利时皮特兰猪，似我们的大乳猪，肉嫩甜美不用说了，带脂肪的地方更是肥而不腻，入口即化，我们在德国居住时，常会买半只来烤焗，吃不完还可红烧呢！

1992年，我们带女儿一家游欧，在荷兰阿姆斯特丹的"唐人街"吃到最可口的烧肉。在列日市，走进了一家小餐厅，尝到有生以来最美味的猪扒，细嫩味甘，肌理间有丝丝的云石纹，是先煎后用黑啤酒烩的，加个腌肉苹果汁，简单而丰腴。丹麦是长白猪种兰德瑞斯（Landrace）的祖家，在哥本哈根我们吃到多汁嫩滑的白煮猪肉和鲜火腿，餐厅桌上都放有小盅的猪油，是给客人用来涂面包的。而今东南亚各国所养的猪，都是长白猪或与本地猪交配的后裔。

美国虽以奥达豪州蛇河牧场豢养的巴克夏猪见称，该牧场创立自己的品牌"极黑猪（Kurobuta）"，与著名的"极黑牛（Wagu）"互相辉映。但一般人所食的猪肉，大多是本地猪与中国华南猪交配的切斯特白猪（Chester）。美国猪经过不断的改良，长得肥肉日少，瘦肉日多，以致肉质干硬而少脂肪，不怎样受欢迎，反正在美国人心目中，牛肉才算是肉，猪肉则等而下之。虽然美国养猪协会极力推崇猪肉为另类白肉，亦不能改变消费者的偏见。

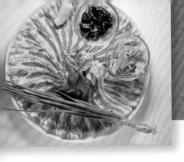

榄角虾干蒸荷兰五花肉

准备时间：20分钟

材料

薄切荷兰五花猪肉......250克
虾干 .... ½杯
绍酒(调拌虾子)....1茶匙
姜...............1块，约20克
榄角 12粒
糖 .... ½茶匙
绍酒(调拌榄角)....1茶匙
小葱........1根，只用白葱，切段

调味料

生抽 2茶匙
盐(调拌猪肉).......⅛茶匙
糖(调拌猪肉).......¼茶匙
绍酒(调拌猪肉)....1茶匙
胡椒粉...................... 少许
生粉 ....½茶匙
麻油 1茶匙

最近在city'super买到薄切的荷兰五花肉，用来白灼、回锅炒、酱炒俱佳，最妙是用虾酱来蒸，肉质柔软多汁，令人惊喜不已。不同的city'super，有不同的包装，买时应以重量为标准，不能计盘数，大小是有区别的。

准备

1 每片五花肉分切成3
小块❶❷，放在碗里
加入调味料拌匀待
用❸❹❺。

2 虾干冲净，平铺在浅碗里，加入滚开水过面，浸约30分钟。姜切丝 ❻，先加绍酒在虾干内 ❼，再加姜丝 ❽ 拌匀。

3 榄角用水稍冲洗，每只平分为两片 ❾，放入小碗内加白糖、绍酒拌匀，放入微波炉大火加热15秒。

蒸法

1 先将肉片平均铺在深菜碗里 ❶，上面加虾干和姜丝，将浸虾汁倒在肉片上 ❷。

2 拌匀榄角，平均铺在虾干上 ❸。

3 大火蒸10分钟，移出时撒上葱段供食。

舍近求远

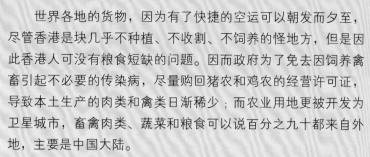

世界各地的货物，因为有了快捷的空运可以朝发而夕至，尽管香港是块几乎不种植、不收割、不饲养的怪地方，但是因此香港人可没有粮食短缺的问题。因而政府为了免去因饲养禽畜引起不必要的传染病，尽量购回猪农和鸡农的经营许可证，导致本土生产的肉类和禽类日渐稀少；而农业用地更被开发为卫星城市，畜禽肉类、蔬菜和粮食可以说百分之九十都来自外地，主要是中国大陆。

近年中国大陆的交通运输突飞猛进，经过各种不同渠道，供给香港人所需的食粮日渐增多，而品质和安全问题亦随之而至。部分香港平民因为家庭经济条件而无从选择，但稍有能力的，都会作明智的购买。大凡听到什么食物有毒的消息，香港人都戒心大增，寻求代用品，避免食用有损健康的食物。外来的肉类、禽类、蔬菜、水果充斥市面，不管价钱有多贵，问津者大不乏人。

针对政府的决策，小市民不好批评，只能适应。吃舶来食品不是不好，自问还吃得起，尽量将就算了。但香港人平日挂在口中的环保问题，似乎未见有迫切的关注。饮食上趋向和饮食的潮流，标榜每日空运食材，牛扒、汉堡包也十分盛行。这些都是外来的食材，要从老远的原产地运到香港，有多少人在享用之时想到面前的美食是经过多少千里而来，要耗费多少能源才能抵达？

以前四季分明，不时不食。现在世界上不同气候的国家的食材，都能在很短的时间内运到，扰乱了时序，在表面上看似供应是丰盛了，方便了，但更深一层，本土的农业经济跟着衰微了。

大陆运来的食材，有远有近，当然是愈近愈合乎环保。比方说买菜心，我们是否只选购就近地区出产的而不买北京运来的呢？到季节过后，市上只有北京菜心了，难道我们会因可能存在的环保问题而不买吗？有时自己也觉得言行不一，真羞愧！

我是支持原生态种植的，每每吩咐印佣，买菜首选原生态蔬菜，如果找不到，便买新界本地菜，空运菜可免了。至于肉类，我们很少吃牛肉，猪肉也是托学生从湾仔买来，是香港饲养的，必要时方光顾特级超市，但还是避免不了购买远程运送的食物。再早一阵子鸡蛋出现品质问题时，我们改买日本蛋、美国蛋、泰国蛋……肉类也宁可买冰鲜的外来货。这种心态明知不对，但为了食用安全，迫不得已，可谓极度矛盾。

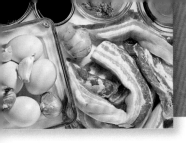

红焖鸡蛋肉

准备时间：约1小时

材料

澳洲冰鲜五花肉 500克
美国鸡蛋(中) 6个
油 1汤匙
姜 .... 1块，约30克，去皮拍成小块
蒜 .... 2瓣，拍碎
干葱 .... 2颗，拍扁

焖肉料

头抽 2汤匙
老抽 1汤匙
黄砂糖 2汤匙
绍酒 .... ¼ 杯
盐 .... 少许

在超市见到层次分明、肥瘦适中的澳洲冰鲜五花肉，明知是远道而来，也忍不住下手，再买了一盒美国蛋，做一盘久违了的肉焖蛋，放胆去吃，那种甘腴浓郁的滋味，简直无法言喻，顿时把环保抛诸脑后了。

准备

1 在中锅加半锅水，放在大火上，烧至水开，投入原条五花肉，改为中火，煮至全部脱生 ❶，倒至蔬箕内以冷水冲去肉糜，每条切为约4厘米宽的块 ❷，待用。

2 鸡蛋煮熟，浸在冰水里待冷，去壳。

焖法

1 将不粘锅放在中大火上，下油 1 汤匙，放入
   鸡蛋❶，在油里不停铲动，爆至表面起皱色
   呈金黄❷便移出留用。

2 同一锅内，加入干葱、蒜瓣和姜块爆香❸，
   加入五花肉块同爆至肉呈微黄❹，拨肉至锅
   边，中央留一空位，加入黄砂糖❺，倒入头
   抽和老抽❻，煮至糖溶❼，加酒入锅同铲匀。

3 加水 1$\frac{1}{2}$ 杯❽，烧开后揭开锅盖，改为中小
   火，煮约半小时后便下鸡蛋❾，焖至鸡蛋皮
   上色，五花肉亦软腍，尚留有汁液❿，加些
   许盐调味，不用勾芡便可装盘供食。

家馔的传承

女儿和女婿最近又从美国来看我们四星期，吃过饭后一家四口一起看韩国电视剧《食客》，这套连续剧我早看过了，觉得十分感人，不单只展示韩国的精致饮食文化，更洋溢着浓厚的人情味。

剧情围绕着一家名气极盛、专卖韩国宫廷大菜的菜馆"云岩亭"展开。主角吴熟手师承韩国末代皇帝最后的待令熟手，以传承韩国饮食传统为己任，悉心训练了两个儿子；长子是亲生的，本领高，野心大，目光远，要把韩国饮食推向全球，但为了迎合外国人口味，不惜改良传统。小儿子是领养的，品性淳厚，醉心于烹调，尽得老父真传，烧得一手传统好菜，而且屡有新意。主角年老了，想从两儿子中选出继承人，因此酿成许多不愉快的局面。小儿子不欲与兄长争夺继位权，毅然抛下一切离家出走，做个流动小贩，游走四方，找寻最佳的食材卖给熟客，自得其乐。在创新与保守的矛盾中，两兄弟各自走过分歧而曲折的道路，历尽人情的冷暖，最终二人冰释前嫌，通力合作，在生死存亡关头的一次烹饪比赛中，把被人吞并了的"云岩亭"赢了回来。

我女儿也十分喜爱烹调，多年前提前退休入厨艺学校学烧西式菜，我们母女二人虽然价值取向不同，但同样受到韩剧中纯真憨厚小儿子的感染，引起了共鸣，闲时总会扯到剧情上。看到大儿子锐意舍弃制作韩国传统酱料的做法，我们心中都有相同的忧虑：现时香港的中式菜，已夹杂了不少外来因素，长此下去，优良的饮食传统将无以为继，那么，谁来负起传承的责任？我认为应该从家庭做起，商业性的餐馆，要照顾不少问题，能否保留传统，会不会有问题之外？

香港新的一代大多都不在家吃饭，优良的饮食传统是什么，会有多少人关注呢？又能否一代流传一代？我相信，除非是"模范（无饭）之家"，每一家庭必有几道由上代传下来的菜式，都是家人所喜爱，长存于心中，且每餐不忘的。这些爷爷烧的、妈妈烧的、姑姑婶婶烧的，有家族历史性，不论精粗贵贱，在某一时空内，总有一家人一同享用，津津乐道而刻意保存的菜馔。

我们说到以前婶婆的拿手菜。女儿说，她不会忘记婶婆教她烧的"干炒排骨"，每有要带菜去的聚会，她多般会做一大盘。排骨可以提前一天炒至九成熟，临出门前翻炒至熟透方加调味料，可以是糖醋，也可以是椒盐，更可以麻辣，根据自己口味来调整，方便得很。婶婆的原版是干葱椒盐味，女儿为迁就"竹升"口味，最常做的是微酸的糖醋版本。

婶婆早于三十年前去世，留给我们的就是这么一条方子。

干炒排骨

准备时间：25分钟

材料

金沙骨（小排骨）	700克
油	3茶匙
干葱	4颗
蒜	2瓣
白糖	1汤匙
头抽	1汤匙
盐	¼茶匙
麻油	1茶匙
小红鲜椒	2个（或随意）

借助于锅下的大火，在锅内不停地铲动，排骨从生变熟，因为不加任何液体传热，只靠灼热的锅，这是名副其实的干炒。排骨的脂肪熟后开始化油，把油倒去了，可减轻饱和脂肪的含量，这是比烤或炸更为合乎健康的做法。

准备

1 金沙排骨可请肉肆帮忙斩成约3厘米的方块❶，洗净后沥水。

2 干葱切小粒，蒜亦切小粒，红椒不用籽，剪成条状。

炒法

1 将锅放在大火上（忌用不粘锅），锅红时下油1茶匙搪匀锅面❶，加入排骨块，开始铲动❷。

2 一面炒一面看到排骨慢慢转色❸，渐渐炒至脱生，继续不停铲动，炒至肥肉溢出油来❹，便把排骨移出，锅内的油则倒进大碗内❺。

3 洗净锅，放回中小火上，加入余油2茶匙，下干葱粒⑥，炒至半透明便下白糖⑦，改为小火，炒至糖熔时下盐、头抽，加入蒜粒一同炒匀⑧⑨。

4 排骨回锅，炒至上色⑩，下麻油包尾⑪，撒入红椒丝铲匀⑫，装盘供食。

"斜门"的故事

近年到美国旧金山游览的外地或本土旅客，都会到海傍码头区的"渡海小轮码头市场(Ferry Market)"去逛一整天。建筑物内开设了包罗万象的食物精品店，码头外的空地每个周末还举行全加州最大的农民市集，招引了不少金山居民和爱护环境者，精心拣选原生态食物。

在市场一头，有一家名气极盛的越南餐厅叫做"斜门Slanted Door"，游客都会在此驻脚，吃顿饭，休息一下再动身。这家"斜门"餐厅，一开业即门庭若市，真的"邪门"。在2004年，受《纽约时报》的美食评论家大为赞赏，三藩市的食评更认为"斜门"可能是今天唯一可以吃到越南河粉(Pho)这类小吃的大餐厅。

餐厅的东主潘清泉(Charles Phan)是越南华侨，其父母带着一家和四百名难民一起乘船先逃到关岛，十八个月后移民美国。父亲在酒吧工作，母亲在制衣厂当女工，两人克勤克俭，把六个儿女教养成人，让他们都受到了良好的教育。清泉毕业于柏克莱加州大学建筑系，到纽约工作一段时期，觉得乏味，便回到三藩市，有意开一家专卖越南家庭菜的小店。

清泉不曾学过烧菜，为了开店，便专心随她母亲学烧传统的越南家常菜，他认为只要用上好的新鲜食材，简单的烹调方法，尽量利用越南多采用的调味料和香草，便能彰显越南菜的特色。初期的小店做得有声有色，口碑极佳，继续迁到较大的地方，觉得仍有发展之余地，适逢渡海小轮码头改建落成，他得友人集资，2004年在码头的一端，开设了更大、面积有7000平方英尺的"斜门"。

开店之初，虽然招待或未尽如人意，但客人都觉得食品别具特色，而食材都来自近郊的有机牧场和农庄，鲜美之处足堪与名重全美的Chez Panisse媲美。"斜门"很快便得到各地美食评论家的认可，奠定了今日独特的地位。外国人觉得越南小吃很新奇，很多食物都可以用手包来吃，大有DIY的风味，而且借助于鱼露、蒜头、青柠、香草作调味料，对他们的味觉上是新的体验。

2005年我们在美过暑假，那时我仍然可行走，曾到"斜门"吃过一顿属小吃形式的午饭，颇有清新可喜之感。印象最深的是一道"摇爆牛肉粒Shaking beef"，是用高品质的天然牛柳切成大粒，稍加腌料和黑胡椒，放在平底铁锅内，用大火来爆炒，边炒边将锅在煮食炉上摇动至肉粒六面俱焦香，外脆内嫩，蘸特制的酸汁而食。这是"斜门"的招牌菜，没有食客会错过的。

我很想问潘清泉他用的是什么腌料，但为了不让他为难，就没有上前探问他的不传秘方。直至我女儿在圣荷西的越南Fusion餐馆工作，我方知道牛肉粒人人会做，只是各有各的做法而已。至于腌料；用与不用，用什么，都是因人而异，不必拘泥。

越南牛肉粒

准备时间：约15分钟

材料

美国西冷牛排............300克
黑胡椒.....................¼茶匙
甜酱油......................1茶匙
油............................1茶匙
洋生菜...............½棵，洗净
红洋葱............½个，切细丝

蘸汁料

长红鲜椒.....½个，去籽切粒
蒜...................1瓣，切粒
青柠汁.....................4茶匙
日本米酒...............1茶匙
白糖.........................1茶匙
鱼露.........................1茶匙

＊如用本地牛柳则要煎至
　全熟才合卫生。

这道越南名菜，首要在于使用上好的牛肉，其次是火候，要
用极猛的火，在铁锅内不停铲动至面面俱焦香为止，就是这
么简单。

准备

1 改去西冷牛排肉之
可见脂肪❶❷❸，
先切二三厘米宽的
条子❹，再切成方
丁❺，放在碗中，
加入甜豉油和黑胡
椒，拌匀待用❻。

2 小钵内放入蒜粒和红椒粒 ❼，舂至极烂 ❽❾，移出至小碗，加入鱼露、米酒、白糖和青柠汁 ❿，拌匀，放入冰箱内待用。

煎法

1 先在菜盘铺上生菜垫底。

2 将中式小铁锅放在大火上，烧至极红见有轻烟升起时便下油1茶匙❶，即倒下牛肉粒❷，不停铲动，使肉粒面面俱炒至焦黄❸，便可铲出至盘内之生菜叶上❹。

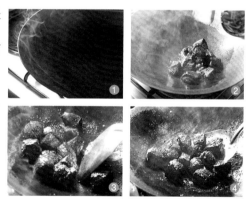

3 牛肉粒旁加入红洋葱丝，蘸汁则放在盘之一角，上桌供食。

地下苹果

《米芝莲美食指南》（香港版）发行后，全港一时舆论纷纷。名重世界食坛的世纪厨师卢布松（Joel Robuchon）在香港开设的分店 L'Atelier de Robuchon 只得二颗星，而澳门的分店得三颗星，裁判是否公允，见仁见智，不便批评。但卢布松遐迩驰名的首本菜，在他法国的母店和所有的分店，却是一道水准划一的配菜："马铃薯茸"。

卢布松的菜馔，向以精细见称，一薯之微，可见他的心力。他用的马铃薯，是由法国一家农庄特别为他的餐厅种植的，黄色滑皮、大小匀称、质感不过绵亦不含太多水分的"Rate"品种。在他的多本食谱内，都有薯茸的详细做法。除了所选马铃薯的品质之外，工序也十分重要：先擦净外皮，去皮后放在水中以中小火煮约25分钟，以小刀插入薯的中央，若抽出来时刀上干净便好。移出薯，放在小火上的浅锅内，用古老的薯茸夹立即压碎，趁热逐渐加入小块的优质法国奶油（牛油），边用木匙拌匀，调味后再加入煮沸的牛奶至适当的质感，把薯茸压过密眼网杓使其更细嫩，就是脍炙人口的卢布松式"马铃薯茸"了。

马铃薯在法国美名为"地下苹果（La Pommede Terre）"，它原产于南美洲，现在的秘鲁，是当地土著人的主食，但在中国是杂粮；广东人叫它为薯仔，北方称之为洋山芋、洋芋、山药蛋、地蛋，最流行的名字却是土豆。约在清朝嘉庆年间（1796—1820）中国才有洋芋的记载，但在1650年，郑成功还没有驱逐荷兰人之前，台湾已有马铃薯，1553年葡萄牙占领澳门，1565年西班牙占领菲律宾，这三块地方的马铃薯都可能输入中国。今日的台湾菜馔，有很多土豆的菜式。

香港人以薯仔入馔，固然是受英国人的影响，融入了本地的饮食后，薯仔的吃法也多样起来，与豉油西餐相互辉映。在一般的家庭内，薯仔是价廉物美的好食材，今天我们可以随时说得出仍念念不忘的好菜："薯仔焖排骨"、"薯仔番茄牛肉汤"、"咖喱薯仔焖鸡"，印象最深的是"薯仔免治牛肉"等等。我们几十年前的那一世代，怎会有这么多种类的薯仔食品呢？

说到薯仔，它也是旧日江家的食材。祖父大牙很早便掉光了，不能吃硬质的食物。他当了英美烟草公司的南中国总代理有些年份，常与外国商业上的朋友酬酢往还，家中雇有西厨，听祖母们说江家全盛时期，宴客是中西并重的。我那时尚未出生，至日后家道中落，留下的西菜，只有祖父喜爱的一两味。及抗战时期到香港与祖父同住，每日同桌吃饭，吃到不少美味而未必是矜贵的菜式，"免治牛肉薯茸"就是我和哥哥在美国常常一起烹制的、半中不西的版本。

我和哥哥的"免治牛肉薯茸"，百分之百达到祖父的水平，偶然仿做一次，总会记得祖父当时一匙一匙地喂给我们，分甘同味的情景。薯茸当然不如卢布松式的考究，煮了薯仔，捹烂了，放入密眼箕内压成茸，加些牛油、牛奶、胡椒和盐拌匀罢了，但免治牛肉的味道却是纯正中式的，还加了鸡肝粒与牛肉粒炒在一起，勾个蚝油芡，堆在薯茸筑成的堤坝内，这堤坝还是经过装饰的哩！

薯茸免治牛肉

准备时间：40分钟

材料

牛砧排肉	180克
水	2汤匙
鸡肝	2副
油	2汤匙
小洋葱	1个，切0.3厘米小粒
干葱茸	1汤匙
蒜茸	1茶匙
绍酒	1茶匙
美国薯仔	400克
牛油	2汤匙
牛奶	¼杯
盐	¼茶匙
白糖	少许
白胡椒粉	⅛茶匙

牛肉调味料

生抽、头抽	各1茶匙
白糖	¼茶匙
胡椒粉	少许
绍酒	1茶匙
生粉、麻油	各½茶匙
油	1汤匙

芡汁料

上汤	½杯
蚝油	2茶匙
生粉	1茶匙

出了芽的马铃薯有毒，切不能用，要小心挑选。免治（minced）的意思是切碎，牛肉因此切小粒为佳。至于薯茸装饰与否，并不重要，可以简单地装在深盘子里，加牛肉酱盖面便好。加入鸡肝只是我家的传统罢了。

准备

1 牛肉剔去可见脂肪，逆纹先切0.3厘米薄片，再切与肉片相同大小的条❶，再切小丁，粗剁数下❷，放在中碗里，逐匙加水与肉粒拌匀，共2汤匙，待水分为牛肉吸收后，加入调味料拌匀，放在冰箱内待用。

2 鸡肝剔去筋膜，平片为0.3厘米厚块❸。

3 小锅内加半锅水，置大火上烧开，投下肝片，立即关火，搅拌一下便移出至蔬箕内，用冷水冲去血❹，切成小丁❺。

4 洗净薯仔，放中锅内，加水盖过土豆面约2厘米，中大火烧至水开，改为中火，加锅盖煮25～30分钟，插筷箸入薯仔内，抽出时干净不粘，薯仔便熟。

5 移出薯仔撕去外皮 ，放在平底大碗里，趁热以薯茸夹压烂 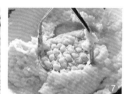，再过密眼小箕入碗内 ，逐渐加入少量牛油，边加边与薯茸拌匀，如觉薯茸太稠可逐渐加少量牛奶稀释（不超过¼杯），视薯茸的粉绵程度而定，最后下盐、白糖、胡椒粉调味。

6 整坨薯茸放在菜盘中央，中开一空位 ，以中式匙羹蘸水将薯茸拨向盘边，围成一圈 ，再以匙羹压出花纹 ，筑成堤坝，盖起保温留用。

7 调匀芡汁料备用 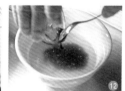。

煮法

将不粘锅放在中大火上，锅热时下油2汤匙，加入洋葱粒炒至半透明 ，下干葱和蒜茸同炒，加入碎牛肉，不停铲动至肉粒分散 ，并下鸡肝粒，加一些酒，勾芡，铲出至薯茸堤坝内 便可供食。

饮食掌故的演绎

在特级校对的《食经》内，有一则"太爷鸡的故事"。据特级校对说，"太爷鸡"是先用卤水煮熟，再用甘蔗渣滓和茶叶加糖来熏的，好处在于鸡肉甘、香、鲜、嫩而外，鸡骨也有浓浓的香味。这盘卤水的做法，至今仍是一个谜，所以特级校对只能以故事处之，这一说法流传了五十多年了，如今在香港已成掌故了。

面对一段掌故，想以现代的手法将之演绎，便要翻查与"太爷鸡"有关的食谱。手上最早的"太爷鸡"食谱登于20世纪50年代的《入厨三十年》，再晚一点的是《无比中菜食谱》，一直要到80年代时，广州出版的食谱才陆续有介绍。其中值得注意的是，"六国饭店"已不存在，对外开放前，"太爷"一词有封建之嫌，"太爷鸡"改称"茶香鸡"，成为"大三元酒家"的名菜，列入广州八大鸡馔之一。

但十分奇怪，广州食谱的做法都是先在锅内用油去炒香青茶叶和糖，放下经卤水煮至九成熟的鸡，熏5分钟。如此食谱，竟能做出当时脍炙人口的"太爷鸡"，其中有没有不为人道的秘密？厨师会不会留了一手，怕别人偷师！

1947年在广州，我是吃过"六国饭店"的"太爷鸡"的。我那时一面在中山大学读书，一面在太平南路一家进出口公司兼职做打字员，而公司对面正是"六国饭店"。午后"太爷鸡"出炉了，满挂在卤味架上，那时还有什么"桶子油鸡"的，我依稀记得"太爷鸡"带烟熏味，仅此而已，至于好在哪里，真说不出来。

早一阵唯灵老弟一再提到"太爷鸡"，引起我无中生有的念头，揣摸着试做几次。但悬而不决的死结是：为什么茶叶要用油去炒？为什么不像今日外省厨子都用淀粉与茶叶炒香后加糖去熏？"油"是不是关键？不用油炒茶叶算不算是"正宗"做法？老太婆不才，只好靠试。

第一次试验：特级校对提到周恩长的卤水盘，理所当然地我认为一定像今天烧味店的千年卤水盘。我自己的冰格内长日储备一大盒时常使用的卤水，我用来把鸡先卤了。我参照广州的"茶香鸡"食谱，用油先炒香青茶叶，加糖再炒，放架入锅，熏5分钟，成品是鸡皮颜色较深，卖相欠佳，味道还可以，不十分突出。第二次试验：我用生抽重新做一锅浅色卤水，鸡皮的颜色是浅了，但炒完茶叶加糖便熏，熏料变成黑炭粘在锅里，导致洗锅成了大问题，所以再做第三次：先在小锅内用油炒香茶叶，用铝箔把锅底和锅盖都包稳，加入茶叶，下些桂花，上面撒些黄糖，大火烧至糖熔起烟时放下铁架，架上放卤水鸡，盖好熏5分钟已闻到香味满屋，揭开锅盖，移鸡出锅，薄涂些麻油，候冷斩件上碟。重要的是，这次做的鸡，味道浓淡适中，烟熏味不似前两次做的强烈，适合广东人口味。

这么苦苦地去尝试，算不算是"太爷鸡"？太爷早已作古，谁能说对错，算了吧！

摹拟太爷鸡

准备时间：约2小时

材料

现宰鸡........ 1只，约1100克
麻油 .... 少许

卤水料

自家卤香料............... 1包
水 4杯
姜..1块，约核桃大，拍扁
小葱 ....2根，打结
蒜 ....3瓣，连皮拍扁
上好生抽......1瓶，500克
绍酒 2杯
冰糖 .... ½杯

熏鸡料

油 2汤匙
青茶叶...................... 60克
干桂花.....2汤匙或玫瑰花瓣¼杯
黄糖 .... ½杯

这个食谱的照片和操作步骤，是第一次试验时拍摄的，鸡皮色泽较深，也没有用铝箔包锅，但摄影师不是全天候跟拍，只好将就来用，没有重拍，敬请读者逐步依谱跟进。

准备

1 中锅内加水4杯，大火烧开，加入自家卤香料❶，改为中大火，煮至水分收干为2杯，倒经小筛至大碗里，隔去香料❷。

2 容量3升厚身锅里加入香料水❸、生抽、酒、冰糖、姜、蒜，中火煮至糖溶❹，以密眼小筛撇出泡沫❺，投下葱结❻。

3 卤鸡法：处理洗净鸡的整只，内外擦干水，手持鸡颈，放鸡入中火上烧开的卤水里 ❼，在鸡腔插入木匙或长筷，将鸡竖起 ❽，从鸡腔开口处不停灌入卤水多次 ❾，使鸡腔入味。将鸡胸向下，用匙淋下卤水使鸡皮均匀着色 ❿。烧卤汁至重开，改为小火，加锅盖，煮15分钟。将鸡翻面，中火煮卤汁至滚，立即关火，揭开锅盖放置20分钟。试以竹签插入鸡腿最厚部分，如无血水流出便是熟；若有血水流出，中火煮开卤汁，关火，多烫10分钟。

熏鸡法

1 用铝箔包好锅盖，并用铝箔铺在锅面。

2 将另一锅放在中火上，下油炒香青茶叶至香气散发 ❶，加桂花同炒片刻，下糖同炒至熔 ❷，便铲出至先前用铝箔垫底的锅内。

3 放架在熏料上 ❸，卤水鸡放在架上 ❹，盖上锅盖，大火熏4至5分钟，或见有浓烟从锅盖与锅之间隙冒出 ❺，便移锅离炉，揭盖，移鸡出锅 ❻。

4 待鸡稍凉便薄涂麻油在鸡皮上，待鸡放凉后方可斩件供食。

龙凤配

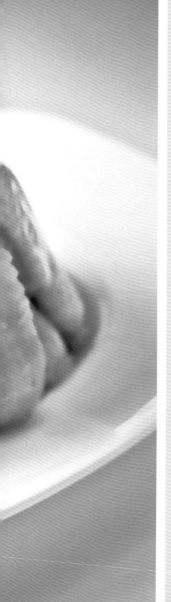

　　"龙"是传说中无中生有的动物，远古的始祖伏羲、女娲都是人首龙身的，相传炎帝是他的母亲受"神龙首"感应而生他，所以我们炎黄子孙都是"龙的传人"了。在中国文化中，"龙"被认为是主管降雨的神，也是皇权的象征。"凤"是传说中的神鸟，不仅表示自然与人类社会的和谐，还表示维系社会安定的德、义、礼、仁、信的伦理观念。通常"龙"代表男性，"凤"代表女性，"龙凤配"便是最理想的结合。

　　自古留传下来，"龙""凤"多喻男女的配对。但在今日的饮食中，"龙"和"凤"都有不同的比喻；四只脚的龙代表肉类，两只脚的"凤"代表禽类，有一道脍炙人口的粤菜"龙虎凤大会"中，"龙"是蛇，"虎"是狸（或猫），而"凤"是鸡，三者合烹成为蛇羹的一种。其他的菜式有"龙凤腿"、"龙穿凤翼"、"凤吞翅"等等，不胜枚举，而"凤肝"便是鸡肝了。许多菜馔都称凤什么的，就算最粗的鸡脚都美称为凤爪，连用鸡蛋为材料的菜式也以凤凰冠之。

　　偶尔浏览网上的饮食节目，其中有周中师傅的示范，做的是火腿甘笋瓤鸡翅的"龙穿凤翼"。周师傅手起刀落，奇快无比，十二只煮熟的鸡翅膀，一下子便把骨剔掉了，我心中极其钦佩，只恨自己手法大不如前，令我觉得鸡翅剔骨也成了这么费时的工作！后来细心再看下去，才恍然大悟，原来周师傅是先把鸡翅放在水内煮熟，捞出来浸冷，一拉，翅中的两条骨便出来了，由于我蠢才没想到吧！

　　我最爱吃鸡翅而又不敢多吃。鸡翅是全只鸡中最嫩的部分，皮甘肉滑，煮法多样，百吃不厌。可惜脂肪太多，利口不利腹，每次想吃鸡翅，必定用心炮制，才不会浪费了自己定下来有限量的"配额"。

　　鸡翅中以鲜鸡翅为上品，以前鸡翅是配得起登上高档筵席的；去骨鸡翅炒响螺片叫"凤袖罗裙"，是热荤中的名贵佳品。当然在我们那个时代，哪有急冻鸡翅。一只鸡已所费不菲了，只得两只翅，其矜贵可想而知。鸡翅不单只要去骨，而且还要瓤入火腿、香菇和冬笋去填补剔去了的骨，炒起来也不会收缩成一块鸡肉似的。

　　我曾提供过一个炒的瓤鸡翅，用的是美国急冻鸡翅。鸡翅经过急冻，而且又是快高长大的美国鸡，翅骨很容易剔出来。自从印佣懂得买新鲜鸡翅，我久已没有吃急冻鸡翅了。新鲜鸡翅的肉紧贴在骨上，比较难剔骨，要多费工夫。如阁下学会了，自然会像我一样，不想再吃急冻鸡翅了。请记住，生时剔骨和熟后剔骨的鸡翅，鲜味和肉质实是有云泥之别。还有，我是主张新鲜鸡翅不要煮熟了方才剔骨的。

龙穿凤翼

准备时间：1½ 小时

材料

新鲜鸡翅 12只
盐 .... 少许
火腿 .... 1片，约30克
蜂蜜 2茶匙
竹笋 .... 1块，约50克
姜 .... 1块，约20克，榨汁
油 2茶匙
芦笋 10条
蒜 .... 1瓣，拍扁
盐、白糖 .... 各少许
鸡汤 .... ¼杯
麻油 .... ½茶匙

芡汁料

生粉 ...... 1茶匙＋水1汤匙
头抽 2茶匙
绍酒 2茶匙
白糖、胡椒粉 ....各少许

街市的新鲜鸡翅，一只有几部分：连在上翅的一大块胸肉、上翅、中翅和翅尖四部分，是按只计算的，虽然三只的价钱便可买到一磅的急冻鸡翅，但用了中翅和翅尖，仍有上翅和胸肉弥补一下，值得花这个价钱。

准备

1 火腿放在盘上，加入蜂蜜2茶匙，中火蒸5分钟❶，搁凉后切长条❷。

2 竹笋切去尖端部分，留笋头约4厘米长，再切薄片，汆水后切成如火腿大小的长条❸。

3 每条芦笋分切两半，把纤维多的厚皮削掉❹。

4 鸡翅出骨法：
(a) 鸡翅放在工作板上，切去附着的鸡胸肉（有些鸡翅是不带胸肉的），在上翅与中翅间之关节处下刀，切口约3厘米❺。

(b) 右手握紧上翅，左手握紧中翅和翅尖，双手向上一拗，即露出关节❻，持刀向上翅❼，切出上翅。

（c）中翅和翅尖部分放在板上，以大拇指触摸近翅骨的最上部，在此处下刀，但不要切穿近板一面的鸡皮 ❽，向上一扭，便露出中翅的骨 ❾，沿骨四周用小刀分开骨和肉，再挑开大骨和小骨 ❿。

（d）在中翅和翅尖之间距关节处约½厘米，连皮斩断鸡骨为止，但无须斩断鸡皮 ⓫。

（e）竖起中翅，从大的一头剔出两条骨，一大一小 ⓬，用小刀把翅尖全部切去 ⓭ 便成出骨鸡翅，全部做完后放在碗里。

5 鸡翅酿法：下少许盐和姜汁在鸡翅内拌匀。取火腿和竹笋各1条，酿入一只鸡翅中以补回抽去的骨 ⓮，酿完为止。

6 成形法：先在碗中央放入两只酿鸡翅，其余的沿碗边排放，以手整理鸡翅使其平均摆放。是时中央留有空位，加入翅尖去填满 ⓯。

7 以深碗承蒸碗，放在锅中的蒸架上，锅中装水离碗底约1厘米，蒸20分钟至熟，移出。

8 用比蒸碗较大的平盘盖起鸡翅，滗出原汁留用 ⓰。

9 是时以2茶匙油、中大火爆香蒜瓣，加少许盐、白糖和少许鸡汤炒芦笋至熟。

供食

1 洗净锅，置中火上，倒下原汁，加入余下鸡汤及芡汁料，不停搅拌至汁稠，成琉璃芡，下麻油包尾。

2 菜盘置鸡翅碗上，一手托碗，一手按碗 ❶，迅速一翻 ❷，便把鸡翅扣到菜盘上。缀以芦笋在旁，淋下芡汁 ❸便可供食。

节日感怀

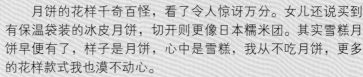

月饼的花样千奇百怪，看了令人惊讶万分。女儿还说买到有保温袋装的冰皮月饼，切开则更像日本糯米团。其实雪糕月饼早便有了，样子是月饼，心中是雪糕，我从不吃月饼，更多的花样款式我也漠不动心。

我和一群饮食朋友都有同一的喟叹，就是香港的饮食场所，两极分化，高档的高不可攀，平民化的进食环境又不尽理想，要找一块可以坐下来、舒服地享用"随意小酌"的地方，再不像五六十年代那么方便了。当中一大断层，不伦不类的餐馆多的是，合水准的难求。我们只须浏览大众刊物，便发觉原来许多香港的饮食已沦为外围国家菜式的附庸，再见不到自己的风格，遑论"奢食"架在头上，吃不起的便吃些似是而非的充头货色，鲍参翅肚都是有名无实。商人迫于租金居高不下，罔顾诚信，但香港人仍趋之若鹜，这心态真让人难以理解。

外佣一连有两天假期，我女儿夫妇又来"探亲"了，过节吃饭很成问题。老朋友知道我不能在外面吃饭，特意请我们到他家过中秋节。他的佣人都是印尼人，不会烧中式菜，朋友专程到九龙很有信誉的海味店买来发好的鱼翅三斤，墨国车轮鲍鱼两罐，请我指点印佣先行准备。印佣依照店家所开的方子烧备了上汤，鲍鱼也连罐中火煮了四小时。买来鱼翅是大包大包的，很壮观，足有一大盘。

我向来不用湿发鱼翅的，内里有什么秘密，想也不愿去想，也不敢谈，不买鱼翅已久，但往往小辈的"供奉"倒是不会推辞。近日吃到李成师傅的"红烧大群翅"，是整副的，吃后很有感触，李成师傅年逾九十，仍然躲在狭小的厨房内，坚持用炭火烧他的传统粤菜。我们或许嫌每盘分量过多，减少了菜馔的品类，但他虽然步履维艰，也不肯放弃初衷，很值得我们钦佩。

不谈鱼翅了，回过头说那些罐头鲍鱼吧：连罐煮了四小时，仍然很硬，大失墨国车轮鲍名牌水准。打开罐拿鲍鱼出来，样子完全不像墨国车轮鲍，简直就是如假包换的澳洲货，而且还不是最上乘的，但价钱一点也不便宜，近五百元一罐。我惯用平刀片出鲍鱼，可惜一下刀，手感即觉得不对，再片下去，我肯定这必定是冒充的了。在旁帮忙的女儿小声地说："你怎么可以这么武断，咬定是冒牌货呢？不会令世伯难为情吗？"我说："难为情的应是店家，自砸招牌了！"

回家找出储存在冰箱已煮好的一罐正牌墨国车轮鲍，试吃后高下立见，也给女儿上了一课。其实我们小时，要等到节日方有鸡鸭可食，平日吃的都是很可口的家常菜馔，全不觉得匮乏。现代人生活丰足，吃得很过分，动辄鲍参翅肚和牛鹅肝黑菌鱼子酱，凡能吃的，人们没有不吃的。

中秋节嘛！最赏心的不是月亮，而是普通不过的芋仔焖鸭。芋仔一定要先刮皮，后晾干，与鸭同焖，吸足了鸭味，更胜什么鲍参翅肚！

芋仔焖鸭

准备时间：约1小时30分钟

冰鲜番鸭..........1只，约1200克
盐......................1茶匙
油......................1汤匙
红芽芋仔..............12个
干葱................3颗，拍扁
蒜..................4瓣，拍扁
姜......1块，约30克，磨茸榨汁
头抽....................¼杯
面酱..................2汤匙
绍酒....................¼杯
白糖..................2茶匙
清水或淡鸡汤..........适量

应买红芽芋仔，要挑选大小接近的，不然便熟得不均匀。街市鸡鸭档有三种鸭，都是冰鲜的，北京鸭太肥，米鸭肉薄，最好能买得一种叫"番鸭"的，脂肪少而肉厚，是焖鸭的上品。

准备

1 红芽芋仔最好能在一天前准备，先刮皮，用湿布揩净（不要洗），放在当风处晾干，至外皮微微起皱，待用。

2 番鸭洗净后，擦拭干净，以盐搓匀鸭腔。

3 手持鸭脚，从鸭腿与鸭脚间之关节下约1厘米处落剪，把两只鸭脚剪出 ❶。鸭翅也在最后一节的关节下落剪，剪出两只翅尖。❷

4 在鸭颈皮开口处向鸭身剪至鸭颈末端❸，抽出附在颈旁之鸭喉和脂肪，见有粒状物体便全部拉出❹。在鸭颈与鸭头相连的地方下刀，将鸭颈切出❺，是时便余鸭头、鸭颈皮、鸭全身，切出的部分留作别用❻。

> **提示**
> 1.准备步骤中刀剪同用是为了方便，如读者不使用中式菜刀，可全用刀。
> 2.磨豉酱，广东人特有的调味料，黄豆加糖、香料研磨制成。

5 割净尾部的鸭臊，务必要除尽 ❼❽。

6 鸭身抹姜汁，再在鸭皮上均匀地刷一层
头抽 ❾。

焖法

1 将不粘锅放在中大火上，锅红时下油1汤匙
搪匀锅面，沥干鸭腔及鸭身腌料，放鸭下锅，
胸先向下 ❶，煎至微黄后翻转一次，使鸭胸
向上，然后再转前两侧 ❷，须将四周煎至焦
黄后移出，前后需15～20分钟。

2 锅内是时会积聚多余的鸭油，先加入芋仔爆
透，再下干葱和蒜瓣同爆 ❸，便连油倒出隔
去鸭油，留油约1汤匙在锅里。

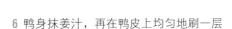

3 下面酱和糖，不停铲动至糖熔酱稀 ❹，加入
绍酒和头抽，将鸭下锅，胸先向下，加入清
水(或淡鸡汤)约及鸭身一半 ❺，盖上锅盖，
中火煮25分钟，然后放下芋仔，多煮25分
钟，鸭应熟透 ❻。

4 鸭和芋仔先装盘，大火收汁至余下约1杯，
淋在鸭身上，供食时可在桌上将鸭分成大件。

醉中自话

1984年住在德国海德堡的时候，每逢周末我们必定开车到附近的地方游览。

欧洲生活有说不出的悠闲，天机木讷成性，说话不多，这么静坐，夫妻二人相对，是一种老而弥坚的情感，尽在不言中。

留德的半年，是我们最值得回味的日子，除了游览，然后四处寻访美食也是乐趣无穷。在法国品尝到的，三星级名厨手艺也好，小餐厅也好，就算传统的家乡菜，都十分美味可口，足以令人终生难忘。每次选择主菜时，我会舍肉取鸽。法国厨师都有烹鸽的看家本领，鸽胸肉仍是嫣红，似淌着血，鲜嫩无比，汁液各有千秋，不像我们只有"烧乳鸽"、"卤水乳鸽"、"炸乳鸽"、"炒鸽片"、"炒鸽松"或者"炖鸽汤"，花样不多。在家厨中用鸽的机会更少，用鸽子烹制的美食似乎多在外面点餐时品尝。

在美国三藩市以北有个小镇叫柏他隆玛（Petaloma），是食用禽类的饲养中心，金山湾区华人用的禽肉，多来自那里。我们如想吃不经急冻的鸡、鸭和鸽子，都挑柏镇的出产，但要老远驱车到三藩市或屋仑才有卖。近年柏镇的鸭肝和鸭胸肉在美国西部打出了招牌，鸽子销路亦不差，广为西餐厅欢迎。我们一买鸽子便是半打，趁着新鲜先宰了烹调两只，其余的便急冻保存。

醉鸽是我们特别喜爱的。20世纪60年代末期，在美国想买中国酒不容易，我只好找代用品，西班牙的雪利酒阿蒙蒂亚度（Amontillado）是我家烧菜常用的酒（Cooking wine），醇厚平和，带有干果的香味，颜色也较浅。我先用香料做白卤水煮熟鸽子，立刻从热汤中移出，放在冷水下冲至温度降低，再放回热汤内，跟着冲冷。这时把煮鸽子的热汤加入些利酒、盐、些许糖，烧开后关火，把鸽子放下，放至冷后放入冰箱内过夜，翌日食用前洒些波多黎各朗姆酒（Puertorico rum）在鸽块上，强劲甜甜的酒香，十分诱人，鸽肉嫩滑，鸽皮尤其爽脆，连骨头也香酥可吃。

醉鸽的皮所以爽脆，是因为骤冷骤热交替的作用。当鸽子冲冷后放回热汤内，这时冷缩热胀，鸽皮变爽，鸽肉增加吸味能力，只要卤汤的味道调校得好，腌了一夜更加入味。但鸽子在卤汤内不能留太久，否则肉会变霉，味也苦了。

煮过鸽的卤汤，不要倒掉，也可以用来煮鸡。美国的肉鸡没有鲜味，用白浸鸡的方法先把鸡煮熟，斩出两翅、胸肉和双腿，在卤汤内多加些盐，放下鸡块浸一夜，还有收缩鸡肉之效。如嫌酒味不足，可再添加。在香港购买花雕酒易如反掌，但不必特别挑选最高级的，便宜的"塔"牌已可用，再进一级，古月龙山十年陈年花雕酒味更香醇。我们也可以用本地鸡来做醉鸡哩！

煮过鸽或鸡的卤汤是有鲜味的，可以多次使用，煮用完毕把汤烧开，搁冷后盛在胶盒内，放在冰格内保存。一如豉油卤水，这种浅色的酒汤，就等于白卤水，只不过酒香较浓罢了。重用时再加入新鲜的花雕酒便可。

醉鸽

准备时间：煮鸽30分钟、腌鸽过一夜

材料

大乳鸽......2只，约800克
麻油 1茶匙
烈酒 ....2茶匙（随意）酒
卤.........¼杯（从醉鸽所得）

浸鸽料

水 4杯
干葱 ....1颗，切片
姜 4片
花椒 1汤匙
草果 ....1个，拍扁

醉鸽卤汤水

煮鸽汤....1杯（从浸鸽所得）
花雕绍酒 1½杯
黄糖 1汤匙
盐 2汤匙

现时市上的鸽子，多是冰鲜的，宜做醉鸽。供食前洒下的烈酒，齿颊留香，不一定要用洋酒，只是一两匙玫瑰露、茅台酒或山西汾酒，都能添加特殊的韵味。其实香港家庭总会有干红，也是很方便的选择。

准备 _____

1 在鸽脚与鸽腿的关节下剪去鸽脚❶。剪去鸽嘴尖❷及翅尖。

2 在日式茶包内（如无茶包，可以用纱布扎起）放入花椒和草果。

醉浸 _____

1 容量3升的汤锅里，加水4杯，放在大火上，烧至水开时加入香料包、干葱片和姜片❶，盖上锅盖，中火煮10分钟，改为大火。先后放下乳鸽，胸向下，使两鸽首尾相对❷，煮至鸽汤重开，改为小火，再盖上锅盖，小火煮10分钟，揭开锅盖翻面，小火煮10分钟❸，关火焖5分钟❹。试以竹签插入胸肉最厚部分，如无血水溢出即表示乳鸽已熟。

提示

最后在卤汁中加入烈酒，是要在醇淡的花雕酒中加入一股新鲜的酒味去唤醒食欲。这只是作者个人的习惯，可悉随尊便，但加回卤汁是必需的，鸽块才不至于太干。

2 移出在水下冲冷 ，洗去肉糜再放回滚汤内浸10分钟(不必加火)，再冲至冷。

3 将热汤倒经密眼小箕隔去杂质至大碗内 ，倒汤回锅内，加盐、黄糖和酒 ，烧汤至开，把鸽子放回锅里 ，移锅离炉，搁至汤凉后放入冰箱冷藏过夜。

供食

1 搽麻油在鸽皮上。先从胸部剪开两半 ，背部亦剪开两半，剪去背上脊柱骨 ，切出翅 ，鸽身切大块 。

2 调匀2茶匙威士忌酒(或任何一种烈酒)和酒卤汁¼杯，淋在鸽身上供食。

"蛋角"上下八十年

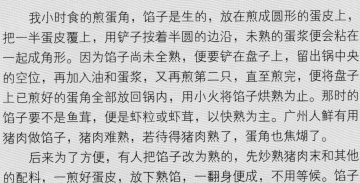

我小时食的煎蛋角，馅子是生的，放在煎成圆形的蛋皮上，把一半蛋皮覆上，用铲子按着半圆的边沿，未熟的蛋浆便会粘在一起成角形。因为馅子尚未全熟，便要铲在盘子上，留出锅中央的空位，再加入油和蛋浆，又再煎第二只，直至煎完，便将盘子上已煎好的蛋角全部放回锅内，用小火将馅子烘熟为止。那时的馅子要不是鱼茸，便是虾粒或虾茸，以快熟为主。广州人鲜有用猪肉做馅子，猪肉难熟，若待得猪肉熟了，蛋角也焦煳了。

后来为了方便，有人把馅子改为熟的，先炒熟猪肉末和其他的配料，一煎好蛋皮，放下熟馅，一翻身便成，不用等候。馅子千变万化，随人心意放入什么都无妨。熟馅确实省时快捷，但我家仍坚持用生的鱼茸或虾茸做馅，宁可多花工夫。

到了上海人南下香港，带来不同的饮食习惯，他们吃的叫蛋饺而不称蛋角，新春时家家煎肉馅蛋饺，煎香后放入一品锅内同煮。蛋饺像个元宝，是一道有寓意的头菜，吃了大家都招财进宝，而且丰俭由人，一大锅的真有家庭和乐气氛。

20世纪60年代我到美国读书，唐人街中餐馆的餐单上列有一系列的蛋菜，芙蓉蛋(Egg Fuyung)是美国佬最喜爱的菜式。简单地说，就是在打散的蛋液内，加些叉烧丝、竹笋丝、芹菜丝、洋葱丝，拌匀了一口气倒入有多量油的热锅中，煎香一面，立刻翻过来再煎香另一面，样子无异一大块圆的"班戟(Pancake)"。后来移民日多，又有蟹芙茸、虾芙茸，样子也变成西式的"庵列(Omelette)"，似只大蛋角。

那时我们在家中不会煎这些似是而非的芙蓉蛋。外国是没有新鲜鲮鱼的，但旧金山唐人街独有一家店子，专程从夏威夷运来一种叫Barracuda的予鱼，身长似剑，肉多无骨，是打鱼胶的好料子。我们到旧金山买菜时，一定会买好几磅鱼胶，回家用胶盒分装，放在冰格内，随时拿出来解冻，加些葱花和调味料，便可做成鱼滑，是蛋角的上乘馅子，孙儿们尤其爱吃。

回到香港定居以后，任何街市都有活宰的鲮鱼，鱼贩把一条鲮鱼斜斩为两半，可单独买任何一半；鱼脊肉或"鱼肚笼"。女儿最近来看我们，我差她去买菜，鱼贩见她不似本地人，硬要她买全条鱼，虽然把脊骨去了，但仍不像鱼脊肉那么好用，起皮也难。结果我只好用有锯齿边沿的钢匙羹把鱼肉刮出来，才不至于把黑色的鱼皮混在洁白的鱼肉里。

最近偶阅陈荣的《入厨三十年》，发现一则"家庭煎鱼角"的食谱，觉得十分家常，比我家的做法更家常，先试了一次，认为还不错，好处在蛋液和生的馅子全拌在一起，煎时一匙一匙地下锅，不必先煎蛋皮去包馅子，值得借鉴。

家庭煎鱼角

准备时间：约35分钟

材料

鲮鱼肉	150克
盐	¼ 茶匙
水（拌鱼肉）	2汤匙
胡椒粉	⅛ 茶匙
麻油	1茶匙
虾米	¼杯
鸡蛋	4个
盐	少许
韭菜	适量
油	约1汤匙 +6茶匙

煎蛋角用油颇多，除了第一次要下多些油搪锅外，每煎一只蛋角，都要加些油，否则蛋液发不起来。要用圆底的锅，这样蛋液下锅后才能自动造成圆形，若用平底锅则蛋液会不规则地散开，不合包角之用。

准备

1 将虾米放在小碗里，加水过面，浸泡至身软，去黑色砂肠❶，切小粒❷。韭菜洗净，亦切小粒。

2 用刀片去鱼肉内可见细骨❸，选一有锯齿的钢匙刮出鱼肉，见露出红色的瘦肉便停，将鱼肉装在碗里❹。

3 先加2汤匙水和盐与鱼肉拌匀，再加胡椒粉和麻油❺，用筷子循一方向拌鱼肉至上劲起胶❻，如不即用，可放入冰箱内冷藏待用。

4 鸡蛋打开两半，拉去蛋黄旁的白色硬条 **❼**，先放在一只小碗内，如蛋黄完好无缺、蛋白清净不浊，即表示此蛋新鲜可用，便倒入较大的碗内。如是把蛋逐个去壳，不新鲜的要弃去不能用。以筷子拌散鸡蛋成蛋液。

5 加鱼肉入蛋液内打散成小块状 **❽❾❿**，下虾米粒、韭菜粒和些许盐一同拌匀成鸡蛋混合液 **⓫**。

煎法

1 在最小火上放一个平底不粘锅。

2 另在较大的炉头上，将圆底锅放在中大火上，烧至锅红，下油约1匙搪匀锅面，改为中火，加入2汤匙鸡蛋混合液在油内，蛋液即时胀大成一圆形 **❶**，一手持铲，伸入蛋皮超过一半的地方，用铲把蛋皮合上，一手持筷子，轻轻按蛋皮边沿 **❷❸**，使合上的蛋皮能与底皮黏合成一角形。把蛋翻面煎至微黄 **❹**。

3 这时蛋角内的鱼肉仍然未熟透，铲出蛋角移至平底不粘锅里。锅里仍留有油，可多煎一两只。

4 如覆上蛋皮时有蛋液漏出小块 **❺**，便把漏出的小蛋块用筷子夹回蛋液混合物中，才不致浪费。

5 如法煎完所有鸡蛋混合液，每煎一只，要加油约少于1茶匙，煎好蛋角便移至平底锅里，继续小火烘熟 **❻**，约煎得10只，全部煎完后便可装盘上桌。

走向有机

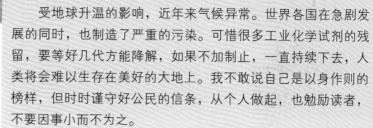

受地球升温的影响，近年来气候异常。世界各国在急剧发展的同时，也制造了严重的污染。可惜很多工业化学试剂的残留，要等好几代方能降解，如果不加制止，一直持续下去，人类将会难以生存在美好的大地上。我不敢说自己是以身作则的榜样，但时时谨守好公民的信条，从个人做起，也勉励读者，不要因事小而不为之。

从前以饲养健味猪见称的农民谭强，自从政府用银弹政策，收回他的养猪经营许可证之后，已停养快一年。但他的新记肉店，仍然继续营业，卖的是他信得过的本地猪农朋友的产品。因为熟客都信赖他的健味猪，既然谭强信得过的，他们也乐意追随，我也不能例外，往往是由学生从湾仔代我把猪肉买来。谭强很早便作了转行的打算，大约在两年半之前，他在农场内钻了一口科学井抽取地下水，灌入他早已挖好的七个鱼塘中，开始实验试养"草饲鱼"。以前种来喂健味猪的水浮莲和龙尾草，现在刚好用来喂鲩鱼，但仅仅是吃草，鱼的养料有时不足，他会加入自己配方的大豆粉、玉米粉和米糠，而不用合成饲料。在不断的实验中，一年前已饲养成功。他更将长成待宰的草鲩放入一个特别打造的水池，饿养数天，让鱼吐尽泥味，吃起来更鲜美，更可口。现在他蛮有把握的，便计划开一家鲩鱼粥专卖店，好等利用这全港独有的产品。

提到他的"饿养池"，谭强便眉飞色舞，再追问下去，原来内里大有文章。这个用砖和三合土砌成的水池，面积约150平方英尺，深3英尺，水池窄的一边，装有活动的巨型水斗，每隔一个半小时，斗灌满水了，借助水压平衡作用，便会自动把水倒出。倒入水时，池内的水受了搅动，作浪兴波，鱼儿受浪打，都翻腾起来。这样24小时不停运作，增加水池的氧气，使鱼更加健康强壮，肉质也更结实可口了。这就是谭强所说的"人工浪"。

目前他的草鲩仍然是非卖品，要有缘方可吃到。在他的店子尚未筹备成熟前，鲩鱼长得过大便要及时食用，我们有幸常得他馈赠，供应无缺。一条大的鲩鱼起码有三四斤重，用处很多："顺德大头菜蒸鱼头尾"；"桂花熏鱼腩"；(半条)鱼脊肉滤荽芫水、打鱼胶；其他的煎好，拆了肉煮早餐的麦皮；鱼肠和鱼鳔蒸鸡蛋，一鱼多吃，让我家能安度香港的海鱼休渔期。

近日不适，医师是"残忍派"高手，诸多戒条，除了清蒸瘦肉和鱼肉外，能入口的所剩无几，幸得谭强的草鲩救"灾"，渡过难关，现时已进入宽限期了。

豉汁咸柠檬豆腐泡蒸鲩鱼

准备时间：30分钟

材料

鲩鱼（洗净，去头尾）.....350克
盐 ....约¼茶匙
生粉 .... 少许
豆腐泡 150克
头抽 2茶匙
盐 .... 少许
果皮 1块
姜丝 1汤匙
滚油 2汤匙
小葱 1根
鲜小红辣椒 1个

豉汁料

豆豉 1汤匙满
蒜 .... 1瓣，拍扁
咸柠檬 1个
白糖 .... 1茶匙（或多些）
头抽 2茶匙
绍酒 1汤匙
油 1汤匙

这是陈荣的家常菜谱。市上的鲩鱼多带泥味，咸柠檬和果皮大有帮助，豉汁也可添加和味，而豆腐泡（又叫油豆腐）更可吸收鲜美的鱼汁，实是价廉美味的家庭小菜。豆腐泡要先煮软但不要挤干，否则鱼汁全都给豆腐泡吸干了。

准备

1 豆豉冲净浸软，浸水留用。

2 咸柠檬开边，去籽，挖出果肉和汁 ❶，撕去膜，果皮先切丝，后切小粒 ❷。

3 果皮浸软，刮去内皮 ❸，切细丝。姜、葱、红椒均切细丝 ❹。

4 每个豆腐泡分切两半 ❺，在小锅内煮10分钟至软，移出冲冷，放在蔬箕里，沥去多余水分待用 ❻。

5 在小钵内加入蒜瓣和豆豉❼，舂碎后移至碗内，加入咸柠檬、糖、头抽、绍酒、油和浸豆豉水各1汤匙❽，搅匀留用。

6 鲩鱼肉洗净，翻出有骨的一面，清除鱼血，刮去鱼腩上黑色的膜❾，抹干，以盐搓匀外内，鱼皮上薄薄地抹上生粉❿。

蒸法

1 将豆腐泡放在碗里，加入头抽及些许盐拌匀，先排在长身鱼盘子上，再放上鲩鱼❶，平均地铺上豆豉混合料❷，上加果皮丝和姜丝。

2 在锅里放上蒸架，加水至蒸架下约2厘米处，大火烧开水后，将盛有鲩鱼的盘子放在架子上，盖上锅盖，蒸15分钟。另在小火上的油锅中烧油至开。

3 将整盘鱼出锅，撒下鲜红椒丝和葱丝，淋下滚油❸，再加上头抽便可上桌供食❹。

47

鳊鱼大头

自从谭强被迫放弃养猪，改养淡水鱼以来，弹指一过，已有三年。

我认识谭强，是因为买猪肉。他养了什么新品种，种了什么新品种，总会拿给我检验。说得夸张一点，他农场的出产，我都一一试过。记得他还养乳猪时，常得他赠送，大家在饮食的场合中一同分享，渐渐他夫妇俩也成为我们美食团中不可或缺的一对。后来他们又参加了郭伟信的试酒旅行团，凑巧我女儿和女婿是团友，于是两家人更熟络了。谭强十分敬老，一星期总会送一次鱼来，他说天机消化系统不正常，要多吃无添加剂饲养的鱼。有时农场工人事忙，他还会亲自为我把鱼宰好洗净，自己才运送鲜鱼回店去。

一天，他意气风发地提着一尾大鱼来，说是养足了三年，每次打鱼都漏网的鳙鱼(俗称大鱼)，很长的一尾，重约三四斤，可是鱼头比街市的小一点。我心中暗叫不妙，如何炮制是好？但不管怎样，先把鱼头宰下来再想办法。幸而不久女儿兰美买菜回来，有嫩豆腐也有油炸豆腐片，有很多芫荽和小葱，我心想大可把鱼头做个"豆腐鱼云羹"吧！

老公一向不食淡水鱼，怕腥，只有谭强的鱼他才甘之如饴。他也怕骨，早餐的鱼粥或麦皮，都由兰美拣净骨，半固体的鱼粥再加些碎牛肉，就成了他的命脉了。鱼头那么多骨，我只好往"拆烩"这方向走。那天刚巧是摄影日，我也是走一步看一步，先把鱼头汆水冲净，赫然看到在鱼头中央的大大一块鱼云(鱼头里透明胶状的部分)，实在美不胜收，肥嫩似婴儿吹弹可破的脸蛋，怎舍得切碎它来做羹哩！于是决定保留整块"鱼云"。

鳙鱼是中国四大家鱼之一，鱼头特大而肥，鱼头中央的鱼云，似个手风琴，一层一层，甘香丰润，鱼脑呈胶状，口感嫩滑，富含胶原蛋白质，是家常食材中的一颗明星。但港人嘴刁，总嫌大鱼肉松而糙，不及鲩鱼肉结实爽脆，取价因而较廉，但若说到鱼头，人人欢迎，一个鱼头起码要三四十范元，最宜用川芎白芷去炖。

我在鱼头中填入葱结、姜片，又淋下一大匙绍酒，蒸它10分钟后，抽丝剥茧地把一小片、一小片的鱼头骨小心挑出，务要把鱼云整个保留。又在最大的一块骨中，把鱼脑挖出。鱼脑含有较多的不饱和脂肪酸，有维持、提高与改善大脑机能的作用，而鱼云则有利于对抗人体老化及补身体，是大鱼营养价值较高的一部分。为了使鱼云保持完整，我做了下面的拆烩大鱼头，加入油炸豆腐片和鲜香菇，用蒸鱼头溢出的原汁，加上大孖头抽和淡鸡汤，焖成一碗，我真的要像电视饮食节目中的美女主持一样大喊："哇，好美味呀！"

拆烩大鱼头

准备时间：约1小时

材料

大鱼头......1个，约500克
姜....1大块，约40克（分数次用）
绍酒 .... 1汤匙 +2茶匙
发好花菇 4朵
油炸豆腐片............. 12块
小葱 4根
鸡汤 ..½杯＋水及浸菇汁共½杯
油 2汤匙
生粉 ......1茶匙＋水2汤匙
麻油 1茶匙

调味料

头抽 1汤匙
白糖 ....½茶匙
盐 ....¼茶匙
胡椒粉...................⅛茶匙

拆烩本来是淮扬菜的特色，但用广东手法去焖，效果还不错。我留出鱼尾和鱼腩第二天用面酱焖茄子，鱼肉剁碎打鱼胶酿长青椒，鱼胶和鱼骨滚有机构杞汤，鱼皮让兰美上粉油炸了。一鱼五吃，物尽其用。可惜一副鱼肠太少，洗净放入冰格留待下一次蒸鸡蛋。

准备

1 花菇加水过面浸软，去蒂切薄片❶，浸菇水留用。姜去皮后切片，待用。葱2根打结，另外2根分切三段。

2 油炸豆腐片汆水❷，在冷水下冲去油腻，沥水后挤干。

3 鱼头剪去鱼鳃。将3升汤锅放在大火上，加水半满，烧至水开后投下葱结、姜片，放下鱼头❸，煮5分钟，移出洗去积血，装在深碗上，在鱼头中央塞入2根新鲜葱结、数片姜，淋下一大汤匙酒，大火蒸10分钟，至鱼眼突出便熟❹。

50

4 将鱼头骨逐片拆出❺，小心保留整个鱼云❻。

5 然后将鱼脸肉和鱼皮拆出❼，剪出鱼头最下截的鱼肉和骨，只余最大的一块❽。

6 从中挖出内藏的鱼脑。把鱼云的软骨全部拆出后❾，与其他拆出的肉一同盛于大碗内❿。

焖法

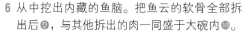

1 将不粘锅放在中大火上，锅红时下油2汤匙，加入姜片和葱段一同爆香，然后下香菇片和豆腐片一同炒透❶，加入酒2茶匙，下淡鸡汤❷。

2 煮开时加入调味料❸，倒下鱼头肉❹，改为中火。

3 加锅盖焖5分钟❺，下盐，试味。调匀生粉水，倒入锅内，待汁稠后下麻油包尾❻。

4 装盘时先将豆腐片围在边沿，衣层中间放姜葱，盖上香菇片，铺下鱼头肉，最后排好整个鱼云在上面，淋下汁液，趁热供食。

给你一块鱼

常听人说"因材施教"，是指在教育上教导者按着受教者的才智而采用不同的方法。朱熹也说过："孔子教人，各因其材。""因材"固然是因人有不同的天资而施予不同的教导，在饮食上也要因食材而施以不同烹调之法，和因应学厨者的经验和潜能而施以不同的教导。

最近很少为准备食谱亲自上街市买菜的，通常都是请麦丽敏从城中带来，买了什么才去考虑要怎样应用，往往都是即兴，没有一套周详的计划。这就等于我让印佣自作主张，在大埔街市看到她认为是新鲜而价钱合理的，买回家后由我来决定菜式。印佣在我家服务近两年，初来时我从基本的中式烹调法教起，她耳聪目明，一教即会，慢慢便能自主，不用我在厨房内费心教导，使我三餐都不用发愁。拍摄当天她会尽心配合，把各类食材依菜式而分配，分置盘上，省却我不少麻烦，要不然我早便封笔挂铲了。

一天，麦丽敏替我买来一块石斑鱼肉，新鲜得闪闪发光，这本来是"油泡石斑球"的上佳材料，但这道菜早就教过了，三豉蒸的做过了，煎斑块、烩斑块也做过了，踌躇之下，只有麒麟斑块和吉列斑块还没有做，我对着这块可爱的鱼肉，却拿不定主意。我出身饮食世家，惯吃精细的东西，一盘简单不过的粗菜，下厨的人也要精心细做，不容马虎。幸而近来脸皮变厚了，听到读者埋怨我的食谱太难太繁时，也无动于衷，依然我行我素，也许我就是标准老顽固的典范。那么，拿往日教美国学生那套拳脚出来耍耍吧！一要易做；二要材料简单，最好只用一种；三要合胃口；四才是价格……于是灵机一动，何不做盘"糖醋鱼"呢？把鱼炸得香口，芡汁酸酸甜甜，开胃之至，与咕噜肉并驾齐驱。

在美国没有活宰的大鱼，环保激进分子理直气壮反抗虐畜，决不会放过你。大部分外国人吃的都是冰鲜或急冻的鱼，美西海域盛产红啮鱼(Red snapper，又称美国红衫鱼)每条重逾三四磅，多是起了鱼柳出售，最适合做甜酸鱼。有一种小鳕鱼(Lingcod)也不错，但鱼味稍逊。这些鱼柳很易处理，切方块或切片都容易，调味简单，加入蛋白和粟米粉拌匀，炸后原锅煮个甜酸芡，淋在炸鱼柳上，连善后工作也轻而易举，吃得满堂学生欢呼拍掌叫好。

我就这么决定做"软炸糖醋鱼"了。手上有朋友从山西带给我的陈醋，正用得着，我请大师姐留下来一起炮制；鱼片下锅的时候我放一块，她放一块，轮流操作，效率更高，没有考虑到其他。到摄影师交货的时候，看到很多工序都有两双筷子同时出现，师徒二人不禁开怀大笑。原来烧饭是这么有趣的差事呀！

软炸斑块

准备时间：25分钟

材料

新鲜石斑鱼肉........ 900克
鸡蛋 ....2个（取蛋清）
盐 .... ¼茶匙
胡椒粉..................... 少许
粟粉（玉米淀粉）.......1汤匙
炸油 3杯
蒜 ....1瓣，拍扁
绍酒 2茶匙
小葱 ....1根，切小粒

糖醋汁料

鸡汤 .... ½杯
山西陈醋 2汤匙
黄糖 2汤匙
头抽 1茶匙
生粉 1茶匙
盐 .... 少许
麻油 1茶匙

软炸是挂上蛋清和粟米粉拌和的粉浆，放下油内炸熟，外皮比挂上脆浆为薄，因而吸收的油分较少，也不腻口，加了甜酸芡，有如画龙点睛。如认为新鲜大石斑太贵，也可用冰鲜的。

准备

1 石斑鱼肉依自然分界，切出大、小两块，先取大的一块，放在工作板上，鱼皮向下，以小块厨纸垫手以稳定鱼块在板上，持刀向鱼肉及鱼皮之间割入，把鱼皮片出❶，留用。

2 修去鱼皮上之瘦肉❷，也留用。以手指触摸鱼肉❸，感觉有刺之处便用小钳子抽出。

3 逆纹切出鱼块，约¾厘米厚❹，放在深碗里。

4 如法处理余下之小块鱼肉。

5 在中碗里调匀蛋清，但不要拌至起泡❺，拌入粟粉再拌匀至光滑无粉粒成一稀浆，放鱼肉在蛋白浆内，同时加入盐和胡椒粉，先拌匀鱼肉，再用手与蛋白粉浆拌匀❻。可即用或放入冰箱里冷藏，以不超过半小时为限。

6 在量杯里调匀芡汁料待用❼。

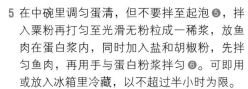

提示

1. 山西陈醋可代之以镇江香醋等其他的同类产品。
2. 留出之鱼瘦肉和鱼皮可投入鱼汤内同煮；鱼瘦肉可增鲜味，鱼皮富胶原质，很有益，鱼汤也会有挂口的感觉。

炸法

1 将锅放在中大火上，烧至锅红时下油3杯，稍等一会儿，放下木筷以测油温，如筷子四周有气泡出现便是够热 **❶**。

2 逐片将鱼块滑入热油中 **❷**，使每块不相连，直至全部放入为止，炸至鱼块身硬，按下锅先后，逐块夹出沥油 **❸**。

3 继续热油回复先前温度，将已炸之鱼块全部回锅 **❹**，再炸至色呈金黄时，全部捞出 **❺**，倒油至大碗里，留油约2茶匙在锅里，放回中火上。

芡汁煮法

1 加入蒜瓣爆香后弃去，搅匀芡汁，慢慢放进锅里 **❶**，不停铲动至汁变稠 **❷**，加一些绍酒，煮至色呈半透明，试味。

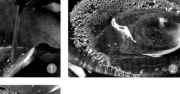

2 倒入炸好的鱼块 **❸** 铲匀后撒下葱粒，装盘供食。

虾脑

我们的年代，"食脑"是很平常的事。以形补形，是中医食疗的妙方。各种动物的脑，牛羊猪，鸡鸭鹅，无一不食。有人连活生生的猴子脑也一匙匙地舀来吃——多"食脑"便能补脑。但自从有了胆固醇这回事，许多人都不敢"食脑"了。可幸还有植物性的脑：如形似脑的核桃，和我们的豆花，在风景色怡人的江南，却叫豆腐脑。

还有一种脑，叫"虾脑"，是在江南湖泊生长的淡水虾头内一粒细小的"膏"；虽然是剥虾仁的剩余物，但每只虾只有比绿豆还要小的一丁点，要费不少时间才能挑出够做一碗三虾面或一盘三虾豆腐的分量，而且还要等待五月至七月间，当正是淡水虾的肉最肥美、肚中虾子最丰，头中的虾脑最甘美的季节。

三虾面和三虾豆腐，我在大陆出版的食谱上读过，更记得在已故美食史学家逯耀东先生的著作《寒夜客来》中，有一篇描述他回到苏州寻觅少年时的传统小吃的文章；经过了数十年，往日佳味不再，清炒虾仁吃了十三次仍不满意，三虾面更无处可寻。

三虾是淮扬人极其精致的食制，其中以太湖所产白虾的三虾最为驰名。三虾不是三种虾，而是从一只小虾拆出来的虾仁、虾子和虾脑同煮，作为面的浇头或与豆腐同煮，合称三虾。白虾要选雌的，先在虾腹中挑出饱满的虾子，去壳取虾仁，虾壳和虾头放在水中煮熟，虾头便呈嫣红色，这就是虾脑。逐粒挑出虾脑后，把虾壳和虾头再熬汤，可作面汤和豆腐的芡。听说现时的虾长得愈来愈小，单是剥一斤虾肉已要一个多钟头，还不计挑虾子和取虾脑的繁琐工序，所以很多老字号再也不供应三虾菜式了。

最近蔡澜先生在他的电视节目《蔡澜叹名菜》中，挑选了前香港《星岛日报》总编辑特级校对的遗作《食经》内，多款今日已失传的菜馔，由"镛记酒家"重新演绎，其中有一道"煮虾脑"，我觉得大有问题。

我亲聆老师的故事多矣，但这个"煮虾脑"，我想来想去，怎也认为几近"离谱"。他说将虾头剪下，以刀背压至碎，以布包之，然后把虾汁绞出，这就是虾脑汁。难得"镛记"细心依书直做，结果煮出一盘泥黄色的东西，与我所听说江南虾脑之嫣红风采，大有云泥之别。我哑然失笑，先师本领真高，瞒天过海，连甘健成和蔡澜两位资深食家也被骗得分不清东南西北。

《食经》中还有好些像这般似是而非的典故。他退休后"作"的故事也不少，但怎样才能招来听众呢？便得靠请客了。他亲自下厨，奉客的菜都是他的拿手好菜，等到数十客人蠢蠢欲动之际，特级校对便站在佳肴之前"开坛讲古"。"古仔"偶有新作，但多是旧作，我们早已听腻了，而肚子早已咕咕作响，又不知怎样可以叫"cut"。忽然我调皮的女儿在座中站立举手说："亚爸！我们听过了，这是'古仔'第八十五号。"于是大家哄堂大笑，一拥而上开动，结果宾主尽欢。

先师归道山多年，留给我们一家难以泯灭的美好回忆——多到数不胜数。写到这，忽然伤感起来，眼睛也湿润了！

大虾两吃

准备时间：30分钟

材料

澳洲蓝尾急冻大虾	6只
盐	适量
面粉	1汤匙
炸虾头用油	1杯
三色鲜甜椒	各½个
有机小番茄	12粒
香茅	2把
干葱	4颗
姜茸	1茶匙
蒜	1瓣
泰国鲜红椒	1个
生粉	½茶匙＋水1茶匙
牛油	2汤匙
橄榄油	2茶匙

调味料

鱼露	1汤匙
柠檬汁	1汤匙
白糖	1茶匙 (或多些)

香港多海虾，虾头不宜做虾脑的菜式，因虾眼之下的部分，内藏一块青黑色的东西，带苦味，若捣烂用来烧汤，不会像河虾头的甘美，特借下面食谱加以解释。

准备

1 虾洗净，从头与身交界处分切❶，以小刀在尾节从背部割入虾壳，将虾肠切断❷，拉直虾身，从头部切开的地方拉出虾肠❸，剪去虾脚❹。

2 剪去虾头上的虾枪❺，把虾眼及以下一小部分剪去❻，用小钳从剪口拉出一大块青黑色的东西❼，浸虾头在淡盐水内，用前沥水，以厨纸吸干水分，冷藏。

3 香茅取嫩芯❽，切细粒；干葱、蒜、剁碎，小鲜红椒切薄片❾，三色鲜椒切小块。

4 下锅前，切虾肉为小段，约2厘米长⑩，在碗里加些许盐和湿生粉拌匀待用⑪⑫⑬。

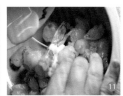

5 将虾头放在蔬箕里，撒下面粉拌匀后，抛去多余面粉。

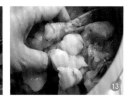

炒法

1 将锅放在中大火上，下油1杯，烧至油面起轻烟时投下虾头❶，炸香后连油倒出沥油。

2 在原锅中倒入虾段，炒至脱生后铲出❷。然后下三色椒和小番茄，稍炒数下❸，加盐调味，铲出。

3 洗净锅，放回中火上，加入牛油和橄榄油，下各类香料爆至香气散发❹，先行放回虾头，再下虾段❺，炒至身干而色金黄，加姜茸、鱼露、柠檬汁和白糖，兜匀后将甜椒和小番茄回锅同炒匀❻，试味后装盘即可。

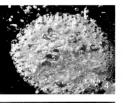

白鳝

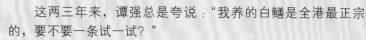

这两三年来，谭强总是夸说："我养的白鳝是全港最正宗的，要不要一条试一试？"

每次我都婉言致谢。但很多人吃过他送的白鳝，无人不赞，证实他所言非虚。

大厨张锦祥（Ricky）最先尝试，煎、焖、炒都各具胜场，那晚他在我们的煮食会上大显身手，只用蒜茸快炒薄切白鳝片，加点酱油，已是美食一盘。后来谭强再带白鳝到 Ricky 的餐馆，食味如何？可惜当时我在美国，没有口福。

那时谭强的粥店尚未开张，可以抽空四处请人试他的出品。他拿去郭伟信的牛扒屋，让他做"红酒烩白鳝"。这是伟信的看家菜，当然十分独特。云菁黄诗敏是潮州人，她爸爸最擅长做"咸菜白鳝汤"，她一家自然也吃得很开心。小师妹用他的白鳝来做"熏鳝"，带到我们的聚会，大家都一致公认谭强的白鳝真是与众不同，丰腴而不腻，肉质爽脆，完全没有一般白鳝的泥味，鳝肝尤其甘香，用任何方法炮制都能突出白鳝经过饿养的优点。

谭强夸称他的白鳝，虽然不是从头养起，但他把买回来的白鳝，放在农场特建的水池内，水和盐的比例是 10：1，再加入 0.5% 的丁香和玉桂，饿养十天，白鳝自然风味非凡。现时他店子的"白鳝粥"，食客无不交口称道，"清蒸白鳝"更是他私房菜的首选哩！

而我却不为所动，一直拒而不受，也是别有原因的。鳝是无鳞的鱼，我怕无鳞鱼的黏滑，不敢下手，同家族的黄鳝、鲶鱼、塘虱等等，我全都敬而远之，尤其是斑驳的蛇，我更怕。如果我敢的话，便早把江家祖传的"太史蛇羹"搅好，去光宗耀祖了。

谭强很想有一个白鳝的菜谱，我只好请大师姐来帮忙清洗，又请谭强到粉岭一家茶餐厅购买全新界最驰名甘嫩的烧腩，印佣兰美则分头到大埔去买齐所需材料，我们三人同心合力烧了一大盘"蒜子火腩红焖白鳝"，而我也破例试吃了一块，风味果然独具特色，软中带爽，味道浓郁甘香，不带半点腥味，但功夫实在颇多。我是依着黎和编著的《粤菜荟萃》上"蒜子焖鲶腩"的谱子，加油添酱而成。

白鳝是鳗鱼的一种，日本人称白鳝为河鳗，香港新的一代钟情于拌饭，鳗鱼饭卖得火红，我素不喜日本鳗鱼太甜，反而在欧洲，德国汉堡的鳗鱼汤（Aalsuppe）是遐迩知名的。荷兰、比利时、德国、丹麦、瑞典、挪威多个国家都有吃鳗鱼的风俗，烟熏鳗鱼非常流行，各国烹法都微有不同，主要用冷熏法。

白鳝富含蛋白质和脂肪，有"水中人参"之称，肉质细嫩肥润，味道鲜美，中医认为有补虚强体、祛风杀虫之效，又能防治肺结核、风湿、夜盲症等等。

蒜子火腩焖白鳝

准备时间：1小时

材料

白鳝 ....1条，约1000克
洗鳝用盐 2汤匙
生抽、生粉........各2茶匙
泡鳝用油 3杯
去皮蒜子 20瓣
嫩姜 .....1块，约30克，切片
小葱 4根
隔年陈皮 1块
嫩火腩 200克
香菇 3朵
鲜腐竹 3条
绍酒 1汤匙
淡鸡汤 2杯
生粉.....1茶匙 + 水2汤匙
麻油 1茶匙
油........................... 少许

调味料

头抽 1汤匙
蚝油 2茶匙
白糖 1茶匙
胡椒粉 ....⅛茶匙

谭强是养鱼不卖鱼，养鳝不卖鳝的怪人，读者只好到街市买了，小家庭买半条已够，太多吃不完，留待隔天味道便会改变了，枉费一番心机。是否加入鲜腐竹根据自己喜好来定，代以生筋也可。能买到独蒜更佳。

准备

1 香菇用水浸过面至软，切厚片，浸菇水留用。小葱用头部约10厘米，分青白两段。陈皮浸软剁碎。火腩去骨切块。

2 鲜腐竹切5厘米长段，以少许油在平底不粘锅上煎至微黄❶。

3 以盐搓匀白鳝全身❷，在水下冲净❸，放入一大锅九成沸（俗称虾眼水，即是在未大滚前，锅边起小泡时）的热水里❹，先用手执着鳝头，从头至尾把鳝皮上黏着的黏液刮洗干净❺。斩去头尾，分斩成3厘米长的厚块，挖去内脏和积血❻，放在大碗里，先下生抽，再撒生粉拌匀❼。

焖法

1 将锅放在中火上，下油3杯，烧至油温约为180℃时把蒜子放在炸篱内，直接放入油中，炸至微黄，整篱移出沥油❶。

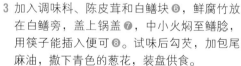

2 改油温为200℃，逐块放下白鳝，炸至两面金黄❷，先下者先夹出，至全部炸好，留油约2茶匙在锅里，加入葱白、姜片入锅，爆香火腩❸，下蒜子和香菇一同爆香❹，加些绍酒，倒下淡鸡汤和浸菇水❺，烧开后改为中火，加锅盖焖5分钟。

3 加入调味料、陈皮茸和白鳝块❻，鲜腐竹放在白鳝旁，盖上锅盖❼，中小火焖至鳝腍，用筷子能插入便可❽。试味后勾芡，加包尾麻油，撒下青色的葱花，装盘供食。

"太史田鸡"以外

　　先祖父前清翰林江孔殷，是20世纪20年代初，高踞广州食坛首席之名美食家。当时各大酒家均竞相仿效由他的私厨所创的菜式，尊称之为太史菜。事距如今近一个世纪，留传下来的"太史菜"却只有"太史蛇羹"、"太史田鸡"、"太史禾花雀"和颇具争议性的"太史豆腐"。

　　家中美食显赫之时我年尚小，知食而不解味。成年以后，记忆中最难忘的自然是"太史蛇羹"，但稍知端倪的却是"太史田鸡"。田鸡是我家最常用的食材，四热荤中的"玉簪田鸡"，汤菜中的"太史田鸡"，都是祖父宴客的名菜。因为"玉簪田鸡"只取腿肉，厨子会用其余部分加金针、云耳、大头菜、红枣同蒸，作为家常菜馔。至于"太史田鸡"，是用田鸡腿、桃柱、火腿、扁尖、精肉和削成棋子形的冬瓜同炖的，所余的田鸡、老的扁尖和修出的冬瓜碎块就用来煮汤，味亦清鲜。

　　江家衰落以后，我们和祖父共饭，吃的是再普通不过但制作仍然精巧的菜式，祖父对饮食的执着，不因家贫而放弃，很多微不足道的食材，在祖父的桌上，也会闪烁生辉起来，每一顿饭都有期待和惊喜。

　　人的一生，有不同的阶段。经过了艰苦的岁月，我到了美国四十岁后才开始自学烧饭，后来更为美国抗癌会义教中国烹饪和上门到会，我发愤潜心学习，而当时支持我最大的先师特级校对陈梦因先生，一定要我在到会菜单中加入"太史菜"，但在外国缺乏中国食材，只有"太史豆腐"勉强可以复制。

　　很可惜在先师的《食经》和陈荣的《入厨三十年》所登载的"太史豆腐"，与我们江家人所知的大相径庭；前者认为豆腐是炸过的，而后者更将我家用虾肉和鲮鱼肉蒸的老少平安切块来炸，都不是正宗的版本。我在伦敦访查得有一位曾在江家服务的陈掌师傅，由他证实"太史豆腐"并非炸过而是用鸡汁慢火细熬的。但特级校对坚持己见，直至亲自飞到伦敦访寻陈掌后，才不服气地信了。

　　至于"太史田鸡"，坊间流传的食谱，都缺了扁尖。扁尖是苏杭人的腌笔笋，少了这特有的咸香，我觉得田鸡汤怎也不是味儿。转眼快三十年了，田鸡再不是旧味，个子大，肉质粗，多番想提供"太史田鸡"的食谱，买了田鸡回来，都太大了，只好放弃。

　　"太史禾花雀"又是什么？每年禾雀当造，小贩提着一把把肥大鲜嫩的禾雀沿门叫卖，江家的秘方是把禾雀腌好了，塞一块鸭肝肠在雀腔内，外包以一小片猪网油，放在瓦内焗得香酥，一口咬下去，雀脑在口中爆开，丰腴甘润，就算只有一丁点儿，也使我今日回味无穷！雀肉细嫩多汁，连骨头也可以一起吃。自从稻田遭到化学肥料的污染，每年成群飞来的禾雀日见减少，而且运来香港的，多是瘦弱干硬，再引不起我的食趣了。

　　一代食坛巨擘的流风余韵，就只有屈指可数的几道菜，作为江家后人，怎能不感慨呢！

油泡田鸡腿

准备时间：30分钟

材料

田鸡 1200克
油 2杯
鲜竹笋 1节
鲜草菇 150克
姜 20克
蒜 1瓣
鲜红椒 1个
小葱 4根
盐 .... ¼茶匙（或适量）
生粉 ..... ½茶匙＋水2茶匙
绍酒 .... 适量

田鸡调味料

蚝油 1茶匙
生抽 1茶匙
盐、白糖、胡椒粉 ..... 各少许
绍酒 1茶匙
生粉 .... ½茶匙
麻油 1茶匙

本来是古老排场筵席上的热荤之一，却因为田鸡已沦为养殖货，格调也跟着降低了。虽然如是，家庭宴客时，做这道菜也绝不失礼的。笋花和姜花，是为了卖相，如嫌费事，切片便可以了。

提示

田鸡一般为南方人对青蛙的称呼。可请小贩代剥去田鸡皮，并清理干净。

准备

1 竹笋去皮，修去笋衣及底部多纤维部分❶，切成角形❷，汆水。每块竹笋沿边刻下凹纹❸，切约0.4厘米厚片后便成笋花❹。

2 鲜草菇切片❺，约½厘米厚，汆水后沥去多余水分❻。

3 田鸡洗净，揩干，从身与大腿间剪开⑦，分剪出上腿和小腿⑧⑨⑩⑪，放在碗里，加入调味料同拌匀，待用⑫。

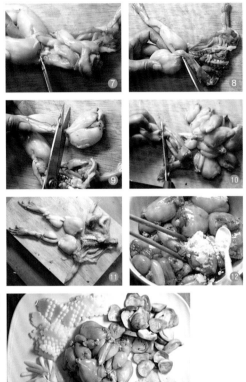

4 姜去皮，依切笋花法切成小姜花片。红椒切小三角形。小葱切去绿色尾部，葱白斜切成榄。蒜切薄片。将准备好的材料摆放在大盘里⑬。

炒法

1 将不粘锅放在中大火上，锅热时下油2杯，烧至插下筷子时见有多量气泡出现，是时油温约为170℃❶。投下全部田鸡腿❷，铲散至脱生，倒至架有炸篱的大碗内沥油，留油约2茶匙在锅。

2 加入姜花和蒜片稍爆炒，加入鲜菇同炒匀，下些许盐调味，再加入田鸡腿❸，加入绍酒后再下笋花同炒匀，下生粉水勾芡，试味后下葱榄和红椒后装盘供食❹。

执手尾

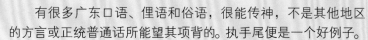

有很多广东口语、俚语和俗语，很能传神，不是其他地区的方言或正统普通话所能望其项背的。执手尾便是一个好例子。

"执手尾"，往往即是收拾烂摊子，绝不是一件愉快的事。在烹调上，执人手尾，执的其实未必是烂摊子，但一道菜肴，有一部分工序是他人代办，由你去做未完成的，下厨人缺少了贯彻始终、全程亲力亲为、全心全意贯注在烧好这道菜上的满足感，总觉得恹恹然。

自从出版了"粤菜溯源系列"后，我一直想把好些传统菜式在家庭内处理的方法，加上图解说明，希望把历年的心得，留传下来。说了多年，结果都没法实现，加上环保当头，我觉得这些古老排场的大菜，是否值得保留，还是值得深思的。但每届农历新年期近，我不期然便想做一些有节日气氛的食谱凑凑热闹。

记起老公在中文大学尚未退休之前，每年夏天回美国的家度假，我必定买备各式珍贵海味，亲携上机。总是买得多而用得少，到现在还储了不少存货，每打开特为收藏海味而设的大冰箱，心中愧疚，怪责自己太贪口福而忽略物种的消亡，置环保于不顾，怎配当"国际慢食会(Slow Food International)"的会员呢？我溺爱两个外孙，时常不辞劳苦给他们煮好吃的东西。他们虽然生于美国，口味十足洋化，但对鲍参肚翅全不抗拒，尤其喜爱大乌参，我男外孙的至爱是"肉丸焖海参"，加个虾子芡，他可以多吃几碗饭。我女儿对海味的兴趣不高，除了海参和珧柱，其他的她不会刻意去学做，所以我家消化海味的速度，实在有限。

我一向是自己发海参的，不曾想到有一天我竟会购买已发好的海参。为了读者的方便，我买了一条重约一斤的，解冻以后，觉得仍要"执手尾"做最后的清洁，把粘在皮上顽固的泥巴小心擦净，继续进行汆水、焗至海参膨胀饱和，不再胀大才算是发好。省去的手续只是初步的火炙、水煮，浸发后清理内脏而已。拿店家发好的海参，没有把握知道要再加多少火候，只能试着来。首先汆水需要多久？焗水又要多长的时间？以姜酒去腥后便要开始用上汤煨了。海参只有质感而本味淡，单靠最后加入的虾子提味是不够的，我先准备一小锅火腿蹄的汁去煨海参，使火腿的咸味和胶原质，在以后焖煮前已有味的基底。若照古法，应该再加入禽肉和精肉同焖的，但上汤内已有这些材料，不需再多此一举了。

乌参体积大，滑得很，颇难控制，所以我用一块竹笪把它包好，便于操作。无论在入锅或起锅，有了竹笪包住，不会损坏海参的外观。家庭食用，不必刻意讲求卖相，也省了不少麻烦，最主要的还是防止移动海参时滑到地上。

水产 虾子焖大乌参

虾子焖大乌参

准备时间：难以计算

材料

发好大乌参....1条，约650克
生姜..............40克，切厚片
小葱.........................约20根
绍酒.............................¼杯
火腿蹄.......................200克
上汤.............................3杯
油..................3汤匙 + 2茶匙
蒜....................2瓣，拍扁
虾子.........................1汤匙
绍酒.........................2茶匙
生粉.........1½茶匙 + 水¼杯
麻油.........................½茶匙
西蓝花.....................1小棵
盐.............................适量

调味料

蚝油.........................2茶匙
头抽、老抽........各1茶匙
白糖.........................少许

煨海参料

上汤.............................1杯
火腿蹄汁...................½杯

不要小看一条乌参，其实要下不少功夫，在家庭制作，更加困难。首先我们要准备上汤，熬火腿蹄汁，还要浸发，以及一连串相关工序，但如果你喜爱海参的话，吃到外面只有形而不入味的大乌参，你一定会尝试自己做，而且特别欣赏自己的劳动成果。

准备

1 火腿蹄氽水，用水冲冷，放在小锅里加水过面，大火烧开后改为小火，煮至汁液收至约为½杯时，滗出汁液，放入冰箱内冷藏，撇去面上浮油，汁留用。

2 将海参放在竹笪上，中央加入小葱4根和姜4片❶，将竹笪两边用竹签穿好❷，包住海参，放在大锅里，加水过面，同时下绍酒¼杯、小葱和姜片如图❸，放在中大火上，加上锅盖煮20分钟，移出，拆去竹笪，弃去姜。

3 倒去锅里水分，加入上汤1杯和火腿碎汁½杯，烧至汤开时用竹笪包海参，放到蒸锅里，盖起，小火煮30分钟，关火焗10分钟。移出海参，倒掉煨汁。这时海参已吸收了火腿蹄汤的咸味❹。

焖法

1 将不粘锅放在中大火上，锅热时下油2汤匙，加入蒜瓣爆炒一会，投下小葱10根炒软，放海参入锅，先煎一面，填青葱入海参中央❶，翻面再煎另一面❷，加入余油1汤匙，爆香虾子，加一些酒，倒下上汤3杯。

2 汤烧开后加入调味料❸，不停把汤汁浇进海参内。

3 从海参下伸入竹笪以利操作❹，盖上锅盖，中火煮海参20分钟至筷子容易插入便翻面，继续盖起多煮15～20分钟至海参呈半透明状，试味后用手执起竹笪两边❺，移海参出锅。

4 用生粉水勾芡❻，不停铲动至汁稠，下麻油亮芡。

供食

1 将西蓝花切块，放入耐热玻璃盅内，盖起置微波炉中，大火(100% 火力)加热1分30秒，移出加油2茶匙、盐¼茶匙拌匀❶。

2 将海参回锅，在芡汁内翻热，再伸竹笪入海参底，提起竹笪两边移海参至菜盘上❷，浇下芡汁在中央开口处及面上❸，填入西蓝花❹，盘边围半圈西蓝花，半圈芡汁，在席上用刀或剪刀分块供食。

团年饭

以前在香港的日子，有十一祖母在堂，我一定蒸好她老人家喜欢的萝卜糕和芋头糕，煮几样菜，带同菲佣一起到祖母家团年。虽然只有四五个人，也算是三代同堂。到了子时，向祖母和姑姐拜过年，欢天喜地便回沙田去。

这数十年来，总忘不了小时候过年的景象。打从祃(每年农历腊月十六，华人传统上在一年里最后一天拜祭土地的日子)起，家中不停有各项迎新年的活动；虽然很多都与小孩无关，但就是热闹，所以兄弟姊妹们都急不可待等候新年的来临。

农历十二月十六日是祃，祃过后要择日扫屋，之后是谢灶，感谢灶君终年保佑一家的平安。供奉灶君的食物不外乎甜的黏口东西，好封住灶君的口，使其不向玉皇大帝报告这家人的坏话。我家是选在二十三日，因“谢灶日”是因应各家不同的身份而定；有官三、民四之分。谢灶后便要准备过年食物，须在除夕前全部做好，诸如开油锅炸油角、蒸糕、蔗熏鲮鱼等等江家的传统食单。

除夕是最高兴的日子，大清早芳村花地的杜耀花圃便会送大枝桃花和吊钟来。一入家门，便闻到阵阵兰花和水仙的香气。家中一切桌椅，全都盖上围和椅搭，红彤彤的绣上金和银的花，男孩子躲在围下捉迷藏，女孩子趁大人未到齐，也蹿入台底摆家家酒。

团年有特别的意义，辞旧迎新不用说了，这是全家人团聚的好时光，一些在外工作的伯叔和寄宿的兄长都及时赶回来，祖父会带所有的男丁拜祖先，我们女孩子殿后，还得兼任搀扶三跪九叩的长辈。拜祖完毕便吃团年饭了。江家不会在节日的家宴上弄花样，年年如是九大簋(簋：原指古代祭祀时放置食物器皿，当时贵族用来盛装食物)，但总是吃不厌。平日我们孙儿辈只有午饭方同食，能在晚上共享丰富的团年饭，实在乐透了。

吃过团年饭不能就此散去，我家从来没有行花市的习惯，所以大家还得等待子时放了爆竹才能各自回家。这段时间是全家人围在一起谈心的机会，不同辈分有不同的话题，最怕的是大人们借此机会数落我们小孩子的淘气丑事，以资警诫。

回想起来，未免感怀于衷，这种家庭大聚会已因战乱而烟消云散，时代也急剧变迁，传统已难维持。今天的所谓团年，不过是各个小家庭与长辈在外间的酒家一同吃饭罢了。年复一年，从简又从简，幸而还有些家庭，仍然守住旧例，无论烧饭是多么吃力的一回事，做长辈的也要召齐所有成员，回家吃一顿真正有团聚意义的团年饭。

我在美国生活了几十年，唐人新年不是公众假期，中国人照常上班上学，过了年也懵懵然。住在大城市附近的，因有报纸和电视的报道，消息较为灵通。我喜欢热闹，更喜欢看孙儿们拿“红包”时的天真笑脸，我一定会在新年后的周末，为他们烧一顿好菜，乐叙天伦。现时我们两老留在香港，只好由在美国的女儿承袭传统，烧我家的团年饭了。

小网鲍焖冬菇雪耳

准备时间：蒸冬菇1小时，焖煮15分钟

材料

南非罐头小网鲍 ......7 ~ 9只/罐
油 2汤匙
绍酒 2茶匙
冬菇 ....12朵，约60克
面粉 1汤匙
雪耳 25克
鸡汤 1杯
蒜 ....一瓣
生粉 ...$1\frac{1}{2}$茶匙 + 蒸菇汁$\frac{1}{4}$杯
麻油 ....少许

蒸冬菇料

浸冬菇汁 1杯
姜 3片
盐 ....$\frac{1}{4}$茶匙
白糖 1茶匙
绍酒 2茶匙
油 1汤匙

调味料

蚝油 1汤匙
老抽 1茶匙
白糖 ....$\frac{1}{2}$茶匙

团年饭弄道简单的海味菜式，可增加节日气氛。材料都是现成的，不必花太多时间；今年的南非罐头整只网鲍（7 ~ 9只）价钱很公道，冬菇也是新货色，叫火木菇，雪耳要买漳州产的，比较爽口。这三种材料都是人工培养的，合乎环保要求。

准备

1 罐头鲍可在数天前准备大火烧开一大锅水，放下原罐鲍鱼，盖上锅盖小火煮5 ~ 6小时使鲍鱼软腍，搁冷后放入冰箱内。用前开罐，分装鲍鱼和鲍汁。

2 冬菇放在中碗里，加水过面，浸至饱和不再发大，剪去菇蒂，移至蔬箕内，用面粉1汤匙抓洗，在水下冲净。滗出浸菇水至另一洁净中碗里，加入冬菇及蒸菇料，先用大火烧开一锅水，放冬菇在蒸架上，改为中火，盖锅盖蒸约1小时至冬菇身软，浸菇汁留用❶。

3 雪耳浸至发大，剪去耳底之硬蒂❷，洗净后汆水，沥去多余水分。用油1汤匙在锅内大火爆炒，加入鸡汤1杯❸，加盖煮雪耳至软，移出隔去汁液❹。

焖法

1 将不粘锅放在中大火上，下油 1 汤匙爆香蒜瓣❶，同步加一些酒及加入鲍鱼汁❷。

2 倒下鲍鱼至锅里❸，下调味料❹。

3 放入冬菇，中火烧开后下雪耳同焖❺，留¼杯菇汁作芡。

4 煮至汁液收为约½杯，放入生粉水❻，不停铲动至汁稠❼，试味，下些许麻油装盘供食。

提示

1. 市上海味店有多种南非小汤鲍出售，价格不同，视个人消费意愿而定。罐头鲍鱼一定要经过连罐煮的步骤，目的是使鲍鱼更加软滑，要提防干水爆罐。

2. 因为国内认为近年因养冬菇而要伐木，有违环保，所以菇农便将养过菇的废木进行再造，研碎而为培养土，长出的菇比国产花菇要滑，香味亦足，价钱只是国产天白菇的三分之一，值得推荐。

个人记忆

记得数十年前逃难至澳门，家境极其贫穷的时候，无以糊口，只得接些火柴盒回家，贴一千个赚得七角钱，但已足够买一家人一天的下饭菜。那时凤尾鱼、狮子鱼才三四角钱一斤，奶鱼和红檀鱼两角钱一斤而已。再买两角钱肥猪肉，跑半小时到菜栏半买半拾隔夜青菜，有鱼有菜有油水，但买米仍得张罗。

偶和刘健威先生谈起，我们不期然有同样的记忆，同样艰苦的经验，只是他有气有力，可以到鞭炮厂扎鞭炮。现时大家游澳门，未必知道五十年前的澳门只有三种工业产品：火柴、蚊香和鞭炮。我和刘先生对于澳门的红街市，都有不可磨灭的记忆，对狮子鱼更情有独钟。别人游澳门，是为了美食和豪华赌场，而我却为寻找旧时美味，吃一顿"炒狮子鱼"。

到后来我在香港找到工作，收入固定，但仍不能胡乱花费。平日家庭下饭的菜式，都是鱼仔、豆腐和青菜，绿豆芽也很便宜，家中有一味常菜就是鱿鱼丝炒芽菜，加些韭菜和粉丝，很能下饭。很奇怪，那时日本出产的干鱿鱼，极受平民阶层欢迎，卖豆腐的摊档，经常有一盘一盘浸发好的鱿鱼出售，看似透明而又胀鼓鼓的，是经过碱水发大的。这种鱿鱼上口爽脆、略带涩味而无本味，不论用什么烹调方法，味精绝对不能少。那时最吃香的街头小吃，是"韭菜鸭血滤鱿鱼"。我家不喜欢这种鱿鱼的涩味，宁可买整只的干鱿鱼，自行浸发至身软，整理好切丝，加些生抽腌入味便可炒用。这种日本鱿鱼质地硬，算是粗品，但炮制得法，也有些微海味的风韵。

人生的际遇，与个人的努力很有关系。到我们这把年纪，大概可以不愁衣食了吧。不再吃日本干鱿鱼当海味，也是理所当然的，何况因为健康的关系，我们都自定"配额（ quota ）"，小心不要逾越。

每星期我都要提供一个食谱，感觉愈来愈难为，而足堪考虑的条件日多，有时搜索枯肠仍无所获，只好往记忆里翻，上上下下贪心地翻，希望能找到那些已经被大众遗忘的好吃东西。当然我不是说江家全盛时代、广州的酒家唯先祖父桌上马首是瞻的珍馐美食，但总不会忘记式微时的廉价小鱼，所以不计较路途远也要到鸭脷洲街市寻寻觅觅，一买到新鲜的小鱼，即拿到楼上的熟食中心，交大排档即蒸即食，尽情享受，把繁文缛节全抛诸脑后了。

我的年纪代表了颇长时段的饮食历史。幸而我今日仍有敏锐的味觉、清晰的记忆、灵活的头脑，还有不错的身手，让我能继续把以前的广州家常饮食，毫无保留地重现在源流难觅的今日，作为历史的见证。

"炒吊片"是每逢时节江家祭祖的九大簋之一，吊片当然不会是日本货，而是精挑细选的本地吊片，加上厨子的妙手，那是人间至味！今天如欲旧菜重温，必要选购天然生晒的鱿鱼干，因为渔民总是把捕来的鲜鱿鱼吊在竹架上晒干成片状，故称"吊片"。

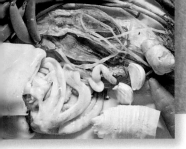

炒金银吊片

准备时间：浸发3小时，切花25分钟，成菜5分钟

材料

九龙吊片 ... 3只，约160克
姜汁酒 2茶匙
胡椒粉 .... 少许
油 2汤匙
新鲜鱿鱼 ... 1只，约350克
冬笋 1小段
甜豆 125克
胡萝卜 1小段
盐、白糖 .... 各适量
蒜 .... 1瓣，拍扁
绍酒 1茶匙
小葱 .... 2根，切榄形
姜 .... 1块，约25克
麻油 .... 适量

芡汁料

浸吊片水 .... ½杯
生粉 1茶匙
生抽、鱼露 各1茶匙
盐 .... 少许
白糖、麻油 .... 各½茶匙

吊片是有季节性的，新年前后风热足时味道最浓最香，不需多花费去买最大只的，八九寸左右的最嫩，香而不硬，要挑表面光滑完整的，皮膜色淡红，透出海味的香气为最佳。附加的鲜鱿，只是为了与干的吊片作口感和味道的对比。

准备

1 玻璃方盘中置吊片 ❶，加水仅过面，浸约2小时，先撕去须留作他用，然后撕去红色皮膜及两翼 ❷❸，抽出中央之透明鱼骨，留浸水作芡汁。

2 在案板上，把每只吊片从中间直切为两半 ❹，每半在内里之一面用利刀交叉割出菱形花纹 ❺❻，然后切长约4厘米之小块，放在碗里。切完后以姜汁酒和胡椒粉腌之 ❼。

3 新鲜鱿鱼依上法割出花纹，再切块。

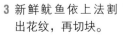

4 冬笋去皮后汆水 ，只用下部约4厘米长的段，切0.3厘米厚花块；胡萝卜、姜亦切花片；甜豆撕根 。

5 小锅里加水半满，置旺火上烧开，投下鲜鱿片后一搅 ，立即移锅离炉，倒在蔬箕里沥水后放在洁净毛巾上吸干水分 。

6 调匀芡汁待用。

炒法

1 甜豆以1茶匙油炒至八成熟，加入冬笋和胡萝卜同炒，加些许盐、白糖调味，铲出 。

2 以余油爆香蒜块，加一些绍酒，倒入芡汁，不停铲动至汁稠 ，倒下吊片快速兜匀 ，一见吊片蜷曲便继下鲜鱿同炒 ，试味，加入姜花、葱榄和先前已炒好之蔬菜 ，下麻油包尾，一同炒匀，即可装盘供食。

"住家饭"?"吃餐馆"?

　　饮食记者学弟问我，现在香港的饮食如此多彩多姿，我会不会少在家做饭而多在外面吃呢？答案是"我不会"。因为我生长的年代与学弟隔了六十多年，情况大大不同，不可同日而语。20世纪初的广州，餐馆不多，只有政要商贾才会选择到家庭以外的地方与人会面，很少像今天一家大小的动辄便往外面就餐，闺中妇女更少在公众场所抛头露面，除非有大喜庆，有体面的人家才选在酒家设宴，那时算是难得一遇的盛事。当年先祖父被誉为广州首席美食家，各大酒家无不以"太史厨"为典范，江家人何须随处外食！我读小学的时候，虽然家境已大不如前，但午饭时兄弟姊妹仍然共食一堂，理所当然，我们也不会想到外面吃什么。

　　和天机结婚后才真正学烧饭。美国人生活方式与我们移民不同，饮食文化差异较大，美国人认为在家烧饭是生活整体的一部分，不由你逃避。丈夫工作一天，回到家中希望有顿"自在饭"吃，做主妇的怎么可以因为不愿烧饭，便把丈夫拉到外面吃饭去呢？但每星期中总会有一天全家到外面吃一顿，就算是快餐，也可让主妇有休假的机会。这么入乡随俗，一晃二三十年，想不到烧饭竟变成了我的专业。我现在可夸说自己烧饭烧得炉火纯青了，教够了，也吃够了，在香港除了两三间老熟人的餐馆我会光顾之外，像学弟记者所提那些五花八门的店子，对我们来说真的没有诱惑力，宁可心甘情愿在家烧菜、吃饭。话虽然这么说，我的看法可能与别人不同，一般香港年轻的单身族，每天饱受工作压力，很难有机会回家吃妈妈或婆婆烧的饭，只好出外求食。

　　当然，不少高档酒家有特别的招徕：名厨、装潢、服务、食材更有特别来源，不可抹杀。就算你才高八斗，厨技超群，有很多食物还是要向外求，比如烧猪、烧鹅、烧鸭、炸子鸡、北京烤鸭、四川樟茶鸭等等体积大、火气猛的看馔，在香港狭小的厨房内，是难以做得好的。近年我对味精比较敏感，又加之行动不便，外出就餐更加困难，但为了社交，也要不时与朋友共饭叙旧。我的上选是环境雅静、材料好、食物不加味精、厨艺水准较高的酒家。

　　在外面的馆子吃饭，不太合经济原则。香港尺土寸金，餐馆菜肴大部分的成本都花在租金和人工上。若在家自煮，往往可以用与外食同等的花费，买到更新鲜、更合心的物料，烹煮的方法也可以更健康，逃过多油、重盐、多味精和化学添加剂的灾害。一个最简单的例子，你想在家外吃一盘真正的炒时蔬，今天已成奢望。为了快，蔬菜大都先煮至九成熟，用水冲冷储存，有客点菜时再放在锅内回炒；反而在大排档还可以吃到真正的炒菜；正是礼失而求诸野了。

生炒豆苗胚

准备时间：30分钟

材料

豆苗胚	300克
油	3汤匙
盐	¼茶匙满（或多些）
生姜	1块，20～25克
绍酒	1茶匙
蒜	3瓣
糖	1茶匙

本食谱采用最基本的炒法，将大小均匀的生料（通常是叶菜）用旺火热油，以快捷的手法而炒成的。同时介绍两件十分有用的烹具：摇菜器和蒜茸夹。前者可以借助离心力把叶菜的多余水分挥去，不至于在下锅时出水太多；后者可省去剁蒜的麻烦，不使手指和切板沾到强烈的蒜味。

准备

1 在厨房洗碗盆内，注水大半满，倒下豆苗胚，浸约20分钟，用手捞洗，翻上覆下，见水内有杂物泥沙便捞出，再注清水，加入豆苗，清洗至水中毫无污物便是洗净，移出至蔬箕内沥水。

2 豆苗胚是豆苗最嫩的部分，内里夹着不少水分，难以沥干，一下锅后往往会降低锅的温度，炒出大量水分在锅内，最好能用一个摇菜机（见附注1），分批逐量把豆苗放入机内❶，借旋转作用，把多余的水分甩掉❷。

3 蒜瓣去皮，每瓣分切为两半，每半分次放入蒜蓉夹内❸，用夹将蒜粒压过大孔钢格成蓉，以小刀铲出❹，如法压完，可省去剁工，放在小碗里待用（见附注2）。

4 姜磨茸，榨汁至小碗，加绍酒拌匀。

炒法

1 将生铁锅放在大火上,烧至锅面冒烟时①,
便是够热,沿锅边倒入食用油3汤匙,以锅
铲搪匀锅面,加盐在油内铲匀②。

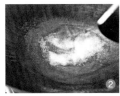

2 投下全部豆苗③,不停铲动至豆苗平均地沾
上油盐,是时下蒜茸,加一些姜汁酒④,炒
至豆苗身软便下白糖⑤,兜匀后铲出供食。

附注1:摇菜机(Salad Spinner)是一个圆形有盖的塑胶盒,内有两层,外盒像一个
平底大胶碗,内层像有多个小空格的平底蔬箕。蔬箕和外盒借助于中央的
一个轴心相连。使用时先装上内层,加菜,盖起;盖也是双层的,盖顶有
个小圆按掣,内有看不见的弹簧连接蔬箕的四边,供应旋转的动力。只要
用柔力轻轻一按,蔬箕便会旋转,把蔬菜的水分摔到不动的外盒壁上,跌
落盒底。弹簧又自动把掣还原,以便再按。

附注2:蒜茸夹是由三部分组成:1.架,用以装上有孔的钢格;2.两个不同大小的
有孔钢格,是活动的,可移出清洗;3.蒜压,是与架相连的,蒜受压力后
便会被压出经钢格的孔,成为蒜茸。

大小茴香

虽然广东地处中国南方，气候湿热，但粤菜却缺少冷盘，有的只是半冷的卤味，在筵席上作为拼盘，相当于外省馆子的凉菜。所以一说到大茴、小茴、花椒、肉桂、丁香、沙姜、甘草、草果，我们不期然会想到卤水。没有这些辛芳的香料，我们广式的卤味便大为失色。许多家庭大都会备好卤水储在冰箱的冰格内，随时取用。

在家中要煮一只豉油鸡、一块元蹄、一盘五花肉，不一定要用卤水，下一两八角粒便很入够香味。八角即大茴香，广东人都懂得怎样用八角，但大茴香这个名词却甚少人知，用小茴香的机会更少。小茴香为伞形科植物茴香的干燥成熟果实，像一粒谷，除药用外，也是咖喱粉和五香粉的主要原料。小茴香含丰富的胡萝卜素；其中B族维生素和铁的含量也不错；其主要的成分是茴香油，能刺激胃肠神经血管，有促进消化液分泌、健胃行气的功用。

新鲜的长形茴香菜（Fennel）可作蔬菜用，可以煮、炒、熬汤，也可以做饺子和春卷的馅。带球茎的茴香，叫做球茎茴香（Fennel bulb），又名洋茴香，或称甜茴香，属浅根蔬菜类，叶幼而散开，茎短缩为球茎，分扁球形和圆球形，原产地在南欧、地中海一带，在我国属于引进的植物。在山西、甘肃、宁夏、内蒙等地都有出产，南方人却一向没有吃新鲜茴香的习惯。近年香港渔农处极力推广，发放球茎茴香幼苗给新界的农民，栽种成绩斐然，现在各大街市的有机菜店均有出售。

在中国大陆和台湾地区都有把茴香用作蔬菜的习惯，用的却是没有球茎而像莳萝（Dill）的茴香菜。跟好些香草一样，茴香菜是可以直接插在泥中生长的，只要一长了根便很易活的，在花盆里种植也可以。茴香菜的香味独特，不是人人都可以接受的，是要慢慢习惯的，倒是球茎茴香的清幽淡香，容易讨人欢喜。

很多年前我在美国已学会了吃球茎茴香。一般用法是切薄片拌入沙拉内，很适口，味道有特别的个性，爽甜而香似甘草，加点橄榄油和酒醋，与多种香草同拌，更相得益彰。球茎茴香也可以熟吃，最常见的是像切橙子般分为数瓣，加点橄榄油，放入烤炉烘至焦黄作为羊肉或牛肉的伴菜。我偶然在大埔街市的菜店内发现了整棵的球茎茴香，如获至宝，立即买回家中。可能因为是有机种植，外貌不像美国的丰满，看似干瘪，颜色也不够白，拿在手上，心中盘算着怎样用来做一道菜。最后决定用来伴肉比较好，但我不是烧fusion菜的时髦人，也不想多动脑筋，便简单地用牛柳去炒。

很奇妙，球茎茴香切薄片，一炒即熟，比生吃有趣；清甜、爽口，微带难以形容的芳香。其实凉拌也另有风味，先用盐腌一下，略挤去水分，加些许麻油、醋、白糖和生抽拌匀，也可以加些蒜茸、生姜和红椒，悉随人意。美国人用球茎茴香，只用球茎，出售时尾部散开的幼叶早已割去，后来翻查网页，才知道整棵球茎茴香都可以入馔。粗的茎和球茎固然可以食用，连那些像莳萝样的叶子也可算是茴香菜哩，这样，哪愁没有板斧哩！

牛柳炒茴香球茎

准备时间：25分钟

材料

牛柳	150克
水	1汤匙
油	2汤匙
球茎茴香	1个
韭菜花	75克
鲜冬菇	4朵
红椒	1个
盐	¼茶匙
蒜	1瓣，切片
绍酒	1茶匙
鸡汤/水	1汤匙

牛肉调味料

蚝油	½茶匙
头抽	2茶匙
生粉	1茶匙
绍酒	1茶匙
白糖、胡椒粉	各少许
油	2茶匙
麻油	1茶匙

圆形的茴香球茎似个洋葱，可以分瓣去切，粗的茎也是可以食用的，撕去硬的纤维便可加入同炒。购买时要选球茎白中带绿，没有棕色的损点，茎要青绿而结实，幼叶不要枯黄。

提示

球茎茴香全棵可食，其余发状的细叶和茎可留出作饺子馅，或切碎加在蛋内煎香，又或放在蛋花汤内，都各具风味。

准备

1 牛肉先逆纹切0.4厘米厚片❶，再切0.4厘米细条❷，置碗内，加水1汤匙拌匀，放入冰箱，搁至水为牛柳条吸收。下锅前加入调味料拌匀❸。

2 整棵茴香先切出球茎，留茎约10厘米❹，修好外层，直分球茎为两半❺，剥下茎，撕出粗硬纤维，直切成5厘米长宽约½厘米的粗丝。从切出的尾部同样取用粗茎，撕去纤维，切5厘米长段❻。

3 切出球茎中心硬的部分 ❼，每瓣撕开，顺纹
切粗丝 ❽。

4 鲜菇去蒂切片；韭菜花只用嫩茎 ❾，每条摘
成约5厘米长；鲜红椒切丝。

炒法

1 将不粘锅放在中大火上，下油1汤匙爆香蒜
片，拌匀腌好的牛肉，放入锅内，排开成一
层 ❶，煎至八成熟时便翻面 ❷，加一些绍酒
后铲出。

2 原锅下余油1汤匙，加入冬菇，炒至身软 ❸，
再下茴香条，不停铲动，沿锅边淋下鸡汤，
下韭菜花，加盐调味，牛肉回锅同铲匀 ❹，
最后下红椒丝 ❺，装盘供食。

吃得苦中苦

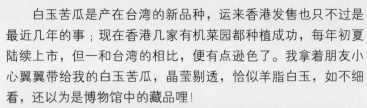

白玉苦瓜是产在台湾的新品种，运来香港发售也只不过是最近几年的事；现在香港几家有机菜园都种植成功，每年初夏陆续上市，但一和台湾的相比，便有点逊色了。我拿着朋友小心翼翼带给我的白玉苦瓜，晶莹剔透，恰似羊脂白玉，如不细看，还以为是博物馆中的藏品哩！

我在台湾电视台的烹饪节目中，看到大厨们都用凉拌方式处理，甚少烹煮。这是先入为主的印象，而我也觉得质地这么精致的瓜菜，一过了火，简直是暴殄天物，非得要好好珍惜才是。但用什么调料来凉拌方能保存苦瓜的白玉特质呢？心中十分踌躇。结果决定多拌一碟绿色的苦瓜在旁陪衬。

最近天气时冷时热的，收到白玉苦瓜时，市上只得终年供应的泰国苦瓜，心中很不情愿也只好用它。调料一青一红，拼起来便是红绿白相映成趣。材料虽然简单，要想出能彰显各自特性的处理方法，的确是个难题。

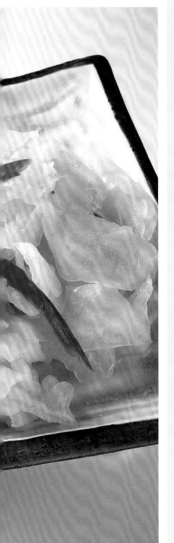

其实台湾人不只凉拌白玉苦瓜，还用果汁机来打成苦瓜汁，加点柠檬汁和蜜糖同饮，是夏日清凉下火的好饮品。一般家庭或餐馆都会用白玉苦瓜米烧汤，与排骨或鸡肉同焖，甚或与不同的作料同炒，花样不少。而香港的大众市民吃到的多是青色的苦瓜，而白玉苦瓜要价很高，只有有机菜店可以找到，目前还未能成气候。

在美国的农产品交易市场反而有多种苦瓜出售：长形的泰式苦瓜、个子大的雷公凿形苦瓜、冲绳岛式多瘤状突起的苦瓜，还有印度人抢购、多尖瘤梭子形最苦的小苦瓜，每一品种都有不同的目标消费群选购。这些苦瓜都是直接从瓜藤上采下便卖，不经浸水，可保存一星期，是夏天最受亚裔欢迎的蔬菜。但很奇怪，我在美国从未见过白玉苦瓜。我的两个外孙小时都不吃苦瓜，长大后渐渐知味，反而爱吃。"苦瓜黄豆排骨汤"是夏天的隽品，"牛肉炒苦瓜"也是常菜。我和天机比较喜欢清炒苦瓜，不用盐腌，也不挤水，炒至翠绿便好。无论用哪一种方法，苦瓜可以说是我们的经典家馔，大家吃得眉飞色舞的是百花瓤苦瓜环，不煎而蒸，勾个琉璃芡，清丽脱俗，一环暗绿，衬着嫣红的虾胶馅子，上口苦尽甘来，美味而悦目。

苦瓜的药用价值也是家喻户晓的，台湾的五青汁便不能少了苦瓜。广东的凉茶，其中一种生草药就是苦瓜根，据说能调理肠胃，有舒心畅脾之功效。一般而言，苦瓜不论从外形或实质上，都带有清凉去火的意味。苦瓜经火煮便会失去原来的青绿。为了保青，粤厨惯用小苏打粉去泡煮，破坏了爽脆的口感，也损失了不少营养成分。在家厨以外要吃苦瓜，便只好忍受了。

凉拌双色苦瓜

准备时间：15分钟

材料
台湾白玉苦瓜...1个，约400克
盐 .... ½ 茶匙
泰国青苦瓜... 2个，约500克
盐 .... ½ 茶匙

白肉苦瓜腌汁料
白醋 1汤匙
白糖 1汤匙
麻油 2茶匙
越南富国鱼露........2茶匙
蒜茸 1茶匙
红辣 .....1个，去籽切细丝

青苦瓜腌汁料
辣豆瓣酱 2茶匙
辣椒油....................1茶匙
麻油 2茶匙
生抽、白糖........各2茶匙
日本味醂 1茶匙

凉拌的苦瓜是未经烹煮的，为食用安全，请用开水冲去盐味。
如能买到雷公凿形苦瓜则更佳。

准备

1 白玉苦瓜直接切为两半，刮去瓜瓤及籽❶，斜切为薄片❷，约0.4厘米厚，放在蔬箕里，撒下盐½茶匙同拌匀。

2 青色苦瓜只取瓜青❸❹。一手持瓜，一手持小刀斜切入瓜身，片出角形的块❺❻，一直片至见到瓜瓤为止。继续如法片完其余苦瓜，放在另一个蔬箕里，加盐拌匀。

凉拌法

1 在两个深碗里，分别调好两种腌汁❶❷。

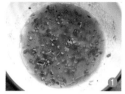

2 待蔬箕里之白玉苦瓜呈半透明时，用冷开水冲去盐味，用厨纸轻轻吸干水分后，放入碗内与腌汁同拌匀❸，以保鲜膜包好，放入冰箱内冷藏起码2小时至入味。

3 同样以冷井水冲去青色苦瓜的盐味，轻按以除去多余水分，用厨纸吸干后放入腌汁内同拌匀❹❺❻，包好后亦冷藏待用。

夏日炎炎

食谱里的酿馅，分量可酿双倍的节瓜。馅子也可直接放入圆形深瓷盘内，用耐热玻璃盖子盖上，用微波炉大火加热4分钟便熟，即成另一菜式"冬菇桃柱蒸肉饼"。酿节瓜的工序，无论用一般的烹调法，或用微波烹调法，都不能省略，省的只是能源和加热时间罢了。

一向不知酷热滋味，每年五月中旬老公授课完毕，我们便回美国加州度暑假。家临近金山湾区，早上清凉，中午干爽，黄昏和风吹送，到晚上已有寒意了，大有一日四季之感。

近年因背患，不宜长途旅行，只好留在香港过夏天。适逢最近天气反常，酷热难当，香港的建筑结构与美国不同，虽有空调设备，住宅冷气机多是分体式，家中有些地方诸如走廊、厨房，冷气难以流通。我是极度敏感的人，从房间走出，经过走廊便大打喷嚏，声达户外，继而涕泪交流，只好立时躲避回房，苦恼得很。

不用说胃口不好，兼受"忌口"逼迫，"吃"成了大难题。中医师允许的蔬菜只有三种：菜芯、通菜(怪！)和节瓜，肉只能吃净瘦肉和鱼肉，煎炸免问。其他的"戒条"就更多了，不提也罢！最糟的是每星期的专栏食谱已无余储，心情更糟。我不习惯断稿，只好硬着头皮约好摄影师。心想，反正要忌口，一直戒到底吧！但这么酷热的天时，谁要躲在厨房内烧菜？于是顺水推舟，做个如假包换的"忌口菜"充数，既然不能煎，也不能炸，就用我最拿手的微波炉技法，完全避过煎或泡油，也不用生起火来，焖它数十分钟，连空气也被烘得像大火炉，害得满头大汗。

关于网上以讹传讹的微波炉害处，都是未经研究证实的推测，未可全信。我不想多说，如果阁下不相信微波炉，大可忽略我这个食谱。若认为果真方便而又肯采用的，谨记要用耐热玻璃或瓷质的器材，塑胶盛器(就算适用于微波炉的塑胶膜)也可免则免。这是经过辟谣后，美国一些专家提倡的正确微波炉使用法。

我这次采用微波炉，大有缘由：第一，微波引起食物中的水、油、糖分子互相冲击，产生每秒钟24.5亿次的振荡，因这些急剧的振荡而产生的热能，可以在很短的加热时间便可将含有这些分子的食物煮熟，节省能源，更不致搞热空气。第二，用微波炉煮蔬菜，快速而且简便，不但能保留一部分养分，而且青翠可口。第三，碎肉在微波炉内加热，很快便熟，嫩滑可口。第四，夏日炎炎，最宜无火烹调。

若依照传统方法，"酿节瓜"这道菜，切段去酿的，馅子要两面煎香，整个去酿的，节瓜中间要挖空，酿入馅子后用竹签串稳，然后用油爆，两者都用油颇多，有悖于健康饮食原则。本来我可以一条龙式用微波炉煮到底，结果为了爆蒜瓣的一点香气和加一些酒的效果，便留出勾芡这一道传统步骤了。

酿节瓜

准备时间：30分钟　加热时间共：15分钟

材料

小型节瓜	4个
鸡汤	1杯
胗头猪肉	180克
肥肉碎	1汤匙
中珧柱	2个
姜	1片
绍酒	少许
花菇	3朵
小葱	2根，切小粒

猪肉调味料

头抽	1汤匙
盐	⅛茶匙
绍酒	1茶匙
胡椒粉	少许
白糖	¼茶匙
生粉	1茶匙
麻油	1茶匙
浸菇水	2茶匙

芡汁料

油	2茶匙
蒜	1瓣，拍扁
绍酒	2茶匙
生粉	½茶匙
盐	适量
麻油	1茶匙
鸡汤	1杯

提示

1. 本食谱所用微波炉，输出功率为1000W。
2. 节瓜又名北瓜，是冬瓜的一个变种。
3. 胗头猪肉即猪肩上的瘦肉。

说这是我的忌口菜，也不尽然；些许肥肉、冬菇和珧柱都是被禁之列，但为了读者的口腹享受，我没有胆量提供真正的忌口版本。希望读者喜欢这个简便、精美、清淡的夏日菜式。

准备

1　珧柱去枕后放在小碗里，加水仅及面，浸至身软，加姜1片，绍酒少许，中火蒸20分钟，移出搁冷，切成小粒，留浸水。花菇加水半杯浸软，去蒂切小粒，浸菇水留用。

2　胗头猪肉先切粒，后粗剁，最后加入肥肉粒同剁❶，放在大碗里，慢慢加入浸菇水1汤匙，待水吃进后再多加1汤匙，拌匀使水被肉吸收后加入各项调味料，循一个方向搅拌❷，一手抓起猪肉，挞回碗内，如此多挞数次使肉质上劲，加入花菇粒、珧柱粒和葱白粒同挞匀❸，放在冰箱内待用。

3 节瓜用小刀背刮去外皮 ，不需刮太深，切去头尾，分切3厘米长段⑤，以小尖刀沿边割入，留边沿约¾厘米⑥，用小匙挖出瓜瓤，使中央有一小孔，但不可挖至穿底⑦。

微波炉加热法

1 沿耐热玻璃盘边排放节瓜段，每段中央倒入鸡汤至满❶，其余鸡汤亦倒入，加盖放入微波炉内，大火加热5分钟，揭盖，是时瓜中之鸡汤已半干，再注入鸡汤补充，加盖，大火加热3分钟，移出放在蔬箕里，下面以碟承接滴出之鸡汤❷，将瓜翻面，使中央的鸡汤全部流出，倒回玻璃盘里。

2 置瓜段在多层厨纸上，以另一块厨纸吸干中空的水分，每段节瓜中央扫上生粉，然后将酿馅填满❸，沿边排放在先前有鸡汤之玻璃盘内，扫汤在肉面上❹，加盖，大火加热4分钟❺，移出搁置。滗出鸡汤，加入蒸瑶柱水。

芡汁煮法

将小锅放在中火上，下油2茶匙，油热后爆香蒜瓣，夹出弃去。一手倒入些绍酒，一手倒下鸡汤❶，至汤烧开后吊下生粉水勾芡❷，试味，加麻油亮芡，淋在酿节瓜上，供食。

自家腌菜

谭强的农场面积很大，以前健味猪吃的龙尾草、水葫芦，现在都丢入鱼塘里喂鱼，他又加种有机蔬菜，让鱼吃得更加健康。一天，他带来一大袋白萝卜，说是第一批收成，让我试试。但萝卜的叶子早已用来喂鱼，只余七寸左右的绿茎。在香港市上难得见有这么长的萝卜茎，我霎时灵机一动，便在近头部的地方把茎割出，实行用盐腌。

自家腌制咸菜，说来有一段故事。我们从美国东部迁到加州时，在圣荷西的中国人很少，没有中式超市，一切得到三藩市采购，而那时其他州作料不通行，罐头腌菜如四川榨菜、上海雪里蕻、独山盐酸菜等都缺货，不像纽约方便。老公一些台湾的同事，家家都自腌咸菜，用的是与雪里蕻同科的一种锯齿叶小芥菜，自然而然我也学会了，倒也管用。

我腌的只是少量，但我的学生杨世芬便不同了。她祖籍无锡，在上海长大，惯吃雪里蕻，到了美国，时常缅怀乡旧味，她腌菜时一买便是十磅八磅，在花园中动起手来，先拿浇草地的强力喷嘴，把菜洗干净，晾干，放入大盘中，加盐去腌它半天，然后把菜放入大厚塑料袋内，穿起泳鞋，就这么把腌菜隔袋踩呀踩的，到菜身软了，便一把一把地塞入敞口玻璃瓶，用时才切粒。她家占了一个小山头，冰箱有五六个，条件充足，要自制什么都易如反掌。

到后来农产品交易市场兴起，亚裔小农卖的萝卜，是整棵装在箱子里的，有人要买了，才当顾客面把萝卜割出来过磅，绿色部分不计算。好些顾客都不要绿叶，农夫任人取用。多时我们只买一根萝卜便可免费取得一大箱的萝卜苗，带回家把老叶切去，冲洗干净，排在后园的栏杆上晾干后切成细粒，搓盐搁软，挤去多余水分，然后装进玻璃瓶内，放入冰箱两星期便可用。

萝卜绿苗微带辛辣，但胜在那丝丝苦味，与盐腌长芥菜是有区别的。我们常用它来炒肉末，加些豆腐干和冬菇粒，便是很开胃的下饭菜。到了20世纪80年代，金山湾区一带由越南和中国台湾人开设的超市，如雨后春笋般冒出来，而且货色齐全，我们也懒得自己腌咸菜了。

这不过是我们初期移居美国的华裔聊解乡愁的小插曲。今日年轻一代的留学生，供应丰足，衣食不愁，怎也不会理解我们那时真的要在家自发芽菜、做豆腐、洗面筋、养老酵(面种)。香港的富家子弟，现在还有母亲陪读哩！

见到谭强的萝卜苗绿得可爱而又是有机种植，一时怀旧，便把它腌了。今年的冬笋也特别嫩，全无苦味，细心切成丝，和花菇丝、肉丝，加些青、红椒丝，加自家腌制的萝卜菜去炒，口感多样，美味无穷。炒一盘自己喜欢的家常菜，竟然觉得幸福就是这么简单！

腌菜炒三丝

准备时间：30分钟

材料

腌菜	½杯
瘦猪肉	200克
花菇	3朵
冬笋	1节，约300克
白糖	1茶匙
盐	少许
蒜	1瓣，切丝
小葱	1根，取葱白
青、红椒丝	各少许
食用油	1杯

猪肉丝调味料

水	¼杯
蚝油	1茶匙
生抽	2茶匙
盐、白糖	各少许
绍酒	1茶匙
胡椒粉	少许
麻油	1茶匙
生粉	1½茶匙
油	2茶匙

咸菜不一定要自家腌制，台湾地区出产的罐头雪里蕻，品质极佳，榨菜也很不错。读者不一定要像我把三丝细切，切粒也成，甚至改用现成的碎肉也没关系，就看是否愿意花这种时间去做这等家常粗菜而已。

准备

1 咸菜腌法：萝卜茎洗净，放在当风处晾干❶，切细粒，约½厘米长❷，放在蔬箕里加盐搓匀，搁至身软，挤去多余盐水，放进玻璃瓶内，用力压实，加盖后冷藏，约两星期可用。用前在水下稍冲去盐味，挤干。

2 猪肉去筋剔膜❸，先切薄片，后切丝，放在碗里，加水拌匀，待肉丝吸水至饱和便沥去多余水分❹，依次加调味料拌匀，最后下油，冷藏待用。

3 花菇浸至发大，每只平片为3片❺，再切细丝，浸菇水留用。

4 冬笋剥皮，去衣，切出约为5厘米长段 ，
  先切薄片，后切细丝，在小锅里加糖、盐氽
  水，沥水后放在白锅里烘干 ，铲出。

5 青、红椒，葱白，蒜均切细丝。

炒法

1 将不粘锅放在中火上，倒入油1杯，烧至筷
  子插入油中四周见有泡沫出现时 ，油温约
  为160℃，倒入肉丝铲至脱生 ，便连油倒
  至架在大碗上的炸篱内沥油 ，留油约2茶
  匙在锅里。

2 下蒜丝稍爆后，加入花菇丝炒匀 ，加些许
  盐、白糖调味，不停铲动，下浸菇水，煮至
  水分完全烧干，铲出。

3 下油1汤匙，加入笋丝和腌菜，铲匀 ，下
  花菇丝多铲几次，肉丝回锅 ，与所有作料
  一同铲匀，试味后撒下青、红椒丝和葱白丝，
  一同铲匀装盘。

趣话银杏

在美国加州圣荷西市中心，州立大学附近有一个公园，学生课余偶尔躺在树荫的草地上休息或看书，很有大学城的书香气味。公园里长了数棵银杏树，一到秋末冬初，落得满地银杏果，霉霉烂烂，奇臭熏天，学生唯恐躲避不及，敬而远之。好些来自苏杭的老太太家就住在附近，却清晨乘机出动，每人带一个黑色厚身的塑料垃圾袋，戴上胶手套，清早便在地上一把一把地拾起银杏，猛往袋里塞，然后赶紧拖回家中，若迟些，公园的管理员来清理，什么也捡不到了。

外国学生觉得大惑不解，这么臭的东西，竟然有人争抢，家中岂不比粪堆还要臭？在美国家家户户门前都装有自来水龙头以便灌溉草地，太太们先把银杏腐烂的果肉剥去，留在袋内，挑出银杏果，排在草地上，用水猛冲至腐臭味全去，剩下的雪白硬核，就是我们知道的白果了。

学生杨世芬的母亲不甘人后，也杂在这帮老太太之中，而且身手非常了得，一下子便捡到一大袋，世芬在公园外接应，她母女俩如获至宝，同心合力清理白果，然后分赠给至爱亲朋，引为乐事。

在中式超市未发展之前，侨胞想吃白果，要老远开车到三藩市购买，而且大部分不是过干便是烂掉，虚耗不少。这些捡来的白果，胜在新鲜，剥壳去皮后，露出嫩绿的果肉，伴肉来炒，软韧而有嚼头，或用以煮粥或糖水，清甜中微带丁点儿苦涩，别有风味，难怪日本人视之为珍馐了。

银杏是最古老的树，几与恐龙同时代，本身耐苦寒，罕有病患，故能久活而不枯坏。我们第一幢房子，门前便种了一棵银杏树，初时只有五六尺高，树叶稀疏，叶纹成鸭掌形，深秋叶子转黄了，在阳光下通透澄明，在四季如春的加州，虽没有红似二月花的枫叶醉人，但有了这些金黄的色彩，顿然添上几分秋意。通往屋仑的马路，一旁全植银杏树，开车经过时，金光闪耀跳跃。

我心想，将来树大结果了，难道我们要清理门前银杏的腐臭不成？原来我只是杞人忧天，银杏是雌雄异株，市政府种的全是雄株，公园内的银杏妈妈，大概系硕果仅存，年纪老迈，特意留下来的。

远在数千年前，神农的《本草经》内已有记载银杏的疗效。二三十年前，德国科学家发现银杏树的嫩叶子，可以提炼成为药物叫 Gingko Biloba，是高效能的抗氧化剂，能改善记忆，减低老人痴呆症状，可治手脚血液循环不佳、间歇性跛行、抑郁、中风、眩晕、耳鸣等症状。听来真是老年人的恩物，不过近年的医学研究发现，正在用抗抑郁素的病人若同时服用银杏丸，银杏叶内所含的黄酮，会引起相反的效用，尤其服用薄血剂的心脏病人，服了银杏丸，会增加薄血作用，影响血液凝固及止血速度，引致流血过多的情况，所以要小心，不可乱用。但白果本身却大致没有叶的烈性，仍以一次不可吃得太多为宜。

银果三丁

准备时间：45分钟

材料

白果（连壳）..............	¾杯
鸡汤	½杯
盐、白糖	各少许
小花菇	50克
油	2茶匙
鸡胸肉......	1块，约150克
食用油	1杯
绍酒	2茶匙
冬笋	1节，约250克
盐、白糖	各½茶匙
西芹	2株
红椒	1个
蒜	1瓣，切片

鸡肉调味料

水	1汤匙
蛋白	2茶匙
盐	¼茶匙
白糖、胡椒粉........	各少许
生粉	1茶匙
绍酒	1茶匙
麻油	1茶匙

过年煮斋，不想太麻烦，于是安排佣人买真空包装白果，结果她却买了带壳白果一斤，所以我便把一部分做了这道菜。白果很嫩，颜色青翠，很多都没有芯，吃起来颇有谏果回甘的韵味，我便懒得花时间除芯了。小花菇是特意去找的，只选与白果同大小而已。

准备

1 冲净小花菇，放在碗里以温水浸过面，至发涨后去蒂，挤干，留浸菇水。

2 鸡胸肉去膜剔筋，顺纹先切5厘米粗条，再逆纹切丁 ❶，放在碗里慢慢加水，待水吃进肉里加蛋白一同拌匀 ❷，最后加调味料，放在冰箱里冷藏待用。

3 白果去壳，氽水后去皮，放在小锅里加入鸡汤 ½ 杯 ❸，中火煮至鸡汤收干，白果脆软而咬口仍硬时，加盐、白糖少许，留用。

4 冬笋去皮切去多纤维的头部，余下的切1厘米大小的方丁 ❹，放小锅里加水半满，加入白糖和盐，大火煮冬笋丁3分钟 ❺，移出冲冷后沥水。

5 西芹撕去纤维，切1厘米方丁，红椒去籽和瓤，亦切小方丁 。

炒法

1 小花菇以油2茶匙爆透，加入浸菇水，煮至汁液收干 ，下些许白糖和盐调味，移出，洗净锅。

2 将不粘锅放在中大火上，锅红时下油1杯，热油至放入木筷时有气泡产生时便挑散鸡肉，放进油里 ，关火，将鸡肉铲至分散便可连油倒进架在大碗上之炸篱里沥油 ，留些许油在锅内。

3 将锅放回火上，先下蒜片稍爆，鸡丁回锅，加一些绍酒，依次将白果、竹笋丁和小花菇下锅 ，然后下西芹丁一同炒匀 ，试味，最后下红椒丁，一同铲匀 ，不用加芡便可装盘。

不外如是

今年（2009年）留在香港过暑假，遇到空前的酷热，本来预计在9月15日左右要到上水金钱村的一家养菇场参观，顺便买些他们培养的新品种，怎奈天公不作美，至今仍未成行，只好待真正秋凉后再作安排。

我钟情野生菌，更想把它们的美味和优点逐一介绍，也有对培养菌积极推广的意向。因为野生菌实在太罕见了，更考虑到不谙菌性的消费者花了钱，拿菌在手上，却不知如何处理，加上我这"好为人师"的老脾气，以前尝过的，千方百计找来吃的，都要写下来。如今食谱出版了，忽然觉得有"饱和"之感，在七月份云菁菌集举办的野生菌宴上，一种莫名其妙的失落感油然而生。

是否食谱出版了菌缘便尽了吗？也许少了一份惊喜，我没法解答。

难得在香港过菌季，若照我往日的心情，不吃到开怀不肯罢休。很奇怪，今年买过两次，是为款待客人用的，还有两次是为介绍给没有尝过云南野菌的女婿用的。家人都十分欣赏，独我那份失落感不时作祟，兴致远不及他们了。

我有时很气恼，不只是对野生珍菌，吃到其他所谓高档饮食，都觉得不外如是。以前雀跃过、惊喜过、千里跋涉过，为了满足一己的好奇和与生俱来的欲求，饮食该是多么值得珍惜的经验！曾几何时，好像一切都冷下来，冷得我心惊胆战。

伴我同行四十年的身边人，嗅觉早出了问题，味觉也日益迟钝，幸而他仍然很喜欢吃，什么都觉得好吃，此人真是口福无边！我常心存感谢，神赐给我敏锐的味觉、灵巧的手，使我一生乐此不疲，在今日的年纪，仍然能知味鉴味，能煮能写，继续维持粤菜的传统，做些薪火相传的工作。可是，这绝对不是福气。我对出外吃餐馆的意愿日淡一日，就算出自香港叫得响当当的名厨、众人梦寐以求的精美佳肴，或是我不辞"千辛万苦"和小辈们一起去品尝的，我都泛起了"不外如是"的哀愁。除了在年轻人的关怀下、满足的笑声中，依稀看到自己走过的足印。回家后的困扰，萦回多日，心更冷了。

早一阵应邀到"留家厨房"晚饭，蒙主人家特别安排，美酒佳肴，良朋共聚，笑谈竟夜，尽兴而归。那比在高贵的名店内正襟危坐、鸦雀无声的细嚼慢咽更有情调。所谓"人生贵适意，官理徒桎梏"，这是亡母晚年看穿了世情如水淡后的写照。

宣威火腿拌烤老人头菌

准备时间：30分钟

材料

云南鲜老人头菌 500克
上好橄榄油............3汤匙
云南宣威火腿片 40克
蜂蜜 1茶匙

我十分喜欢野生菌中最易处理的老人头菌，质感爽脆，但味淡无香，因此可以让自己为所欲为。而且老人头菌与培养的杏鲍菇质感相似，菌季一过，同样的烹法可用在杏鲍菇上。宣威火腿也是云南名产，用蜜糖蒸过，剁细成茸，拌在烤得金黄的菌片上，风味隽永，送酒下饭俱宜，妙极！

准备

1 用小刀将老人头菌柄上的沙泥削去❶，用微湿厨纸擦净菌盖❷，直切成片，约¾厘米厚❸，放在玻璃盘里，加入橄榄油拌匀❹，搁置约10分钟至每片菌都沾满了油。

2 宣威火腿片置小盘上，用小刷子刷上蜜糖❺，放在锅内中火蒸约5分钟，移出搁凉后修去脂肪，瘦的部分剁成茸留用❻。

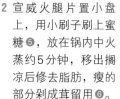

烧烤法

1 分别将2只有坑的平底煎盘放在中大火上，盘热时排菌片成一层❶，烤至底层出现坑纹❷便将每片翻面，以铲压下❸，使菌片与锅有直接的接触，再煎至两面俱现烤纹❹❺，关火。

2 将火腿茸分为两份，每份分别加在菌片上❻，不停铲动拌至均匀便可装盘供食。

提示

1.老人头菌是梭柄松苞菇的俗名，它个体大而肉肥厚，质细嫩，口感爽脆，但味道清淡鲜美，宜与肉类或海鲜同炒，或者加入较浓的调味料。在野生菌中，最容易清理的是老人头菌。
2.老人头菌分布于黑龙江、四川、贵州、云南等地的针叶林区，产量不高；近两三年有输入香港，但供应有限。如有机会遇上了，切勿错过机会。

家常斋菜

许多广东人在元旦那日，都有吃斋的习俗。江家信佛的人多，不用说当然是随俗了。焖的什锦斋菜是在除夕煮好的，年初一的第一顿饭便全是素菜，款式不多，蔬菜大部分都是自己兰斋农场的出产。家人吃足一年的荤菜，换换口味清一下肠胃，也是很好的主意。

解放以后，偌大的一个家庭，各奔东西，一切习俗都只留在我们的记忆里。在香港的江家子弟，日少一日，聚会多在新年，十一祖母在十多年前去世以后，连这每年一度大家见面也很困难。天机退休后返聘至中文大学教公共理论课，转眼十余年，人事几番新，和家人相聚的机会更少了。近年来我行动不便，过年一切从简，去年还可以蒸糕煮斋，今年却有心无力，相信我奉客的过年斋，也要缺席了。

我的一套两册菌谱，在2008年出版以后，心头放下了重担，也把爱菌之心收起来了。加上中医师叮嘱我忌口，认为菇菌性湿寒，万万不能吃，那么，我的过年斋用什么材料才好呢？没有菇菌的斋菜，靠什么来提味？现时市上的菜没有菜味，瓜没有瓜味，菇菌除非用野生菌。培养菌的品质也日走下坡，真苦了下厨人！

想起现时流行的"温公斋"煲，便换一下口味。说来奇怪，江家人都不喜欢南乳的味道，而"温公斋"的主要调味料，一定要用南乳，没有南乳味，便不成为"温公斋"。至于这种斋菜，因何有"温公"之称，传言则有之，是否属实又当别论。据说是由一位姓温的大官发明的，故配得上"公"之称号，而凡用南乳调味的菜式，都可称温公什么的，"温公"竟成了南乳味的代名词。换句话说，所有用南乳加味的斋菜，都可称"温公斋"，至于材料的配搭，今日在厨师的控制下，为了方便省时，以前焖的"温公斋"，已进展至用适合快炒的作料，在锅里兜炒一下，即盛到煲仔里，便是"温公斋煲"了。农业科技化之后，加上交通运输的方便，我们能吃到的蔬菜，已无时令之分，远至华北华西和纽澳美加的蔬菜，在短时间便可运抵香港，四时如春，市场中的蔬菜，任人选择。在家厨中烧"温公斋"只要用南乳调味，其他的可以各家各法，已再无定规了。

我做这道"温公斋"，已不是旧时味，只能守住焖的方式，聊表心意而已。"温公斋"的四大主料：冬菇、草菇、金针、云耳之外，配些什么蔬菜，只好随意了。还有，粉丝是必不可少的。在采购材料之时，竟然发觉甜竹已不易找到，这也是我小时候在家中常吃到的粗斋内必备之物。现时外面的"温公斋"，用的是鲜腐竹，这倒不错，连泡发枝竹的工夫也省了。区区一盘粗斋，也变了痴人说梦，要吃得好，果真是那么难吗？

温公斋

准备时间：40分钟

材料

日本小花寸菇	8朵
龙门草菇	30克
金针	20条
云耳	25克
绍酒	2茶匙
油豆腐泡	5块
龙口粉丝	1扎，50克
甜竹	4片
节瓜	1个，约350克
豇豆角	10根
南乳块	约2汤匙
白糖	1茶匙
油	3汤匙
盐	适量
蒜	2瓣，拍碎
麻油	1茶匙

不要介意"温公斋"要用什么材料才算正宗，最主要的是蔬菜能耐火，因为这是焖的斋菜而不是炒的。但现时"温公斋"最常见的材料是易脍的翠肉瓜，不用清洗的鸿喜菇、鲜豆腐皮，加些粉丝，用南乳调味就是了。你可有自己的配搭吗？

准备

1 小花寸菇冲净盛碗内，加水过面约¾杯，浸至饱和，剪去蒂，挤干水，浸菇汁留用。

2 草菇在水下冲去浮泥，放在另一碗里，加水过面浸至发大，用小刀修去菇脚及粘附的泥沙，放回碗里，以餐叉挥打，使沙泥尽去，挤干，浸菇水留用。

3 金针浸软，去蒂打结。云耳洗净浸软，剪去耳底硬块，沥水。南乳置小碗内，以刀柄舂烂。

4 节瓜切骨牌块❶，豇豆摘5厘米段❷。

5 豆腐泡小的分切两半，大的切块，放进开水里，氽水约5分钟❸，移出冲冷，挤干水分；粉丝浸软，分剪2段；甜竹剪骨牌块，冷水浸约10分钟。

6 全部材料准备完毕❹。

焖法

1 将不粘锅放在中大火上，锅热时下油1汤匙，爆香蒜1瓣，加入豇豆段和节瓜块 ❶，炒匀后移出，弃去蒜瓣。

2 在原锅中下油1汤匙，投下小花寸菇、草菇 ❷、爆透后加一些绍酒，然后加入金针、云耳同炒匀 ❸，倒入2种浸菇汁同煮，下豆腐泡 ❹，煮约5分钟，铲出。

3 洗净锅，放回中火上，下余油1汤匙，蒜瓣爆香后弃去，倒下南乳和糖，同铲至糖熔 ❺❻，改为中大火，倒下焖好的菇类和豆腐泡混合物，铲匀，再加入节瓜块和豆角段 ❼，焖至软腍，如水分不足，可多加水约1杯，加盖焖煮5分钟，放下甜竹和粉丝 ❽，并试味，如觉味淡，可酌加盐炒匀。

4 煮至粉丝透明并入味，下些麻油 ❾，便可装盘上桌。

心口合一

许多人心里想一套，口里却说另一套，原因何在，实在捉摸不透。这是个别的情况，或因某人处事待人的态度而有不同的表现。

饮食上也有口不对心的例子，素食流行已经很久了，我们见到太多的素馔，都有荤的菜名，是斋口不斋心的表现。我们这些非素食者，卖弄烹调花巧，把明明是素的食材，偏要造成荤料的样子，让素食的人，口中和心上都得到荤食的满足。

今日香港的年轻人，流行素食，甚少基于宗教信仰，而是为身体健康，或为爱护动物，但为环保而素食的，可谓绝无仅有。因宗教信仰而素食的称净素者，完全不吃动物性的食物；为健康而素食的认为肉类无益而不食之外，禽肉和海产均食的，是半素者；有些慈悲为怀，不忍杀生而素食的，通称素友。

在外国素食便是素食，不像我们有这么多的荤名素。我们最常见到的却是：薯茸做的素鱼、面粉做的素虾；面筋做的素肉排、排骨、肉块等等；豆腐皮做的素鸡、素鹅、素烧鸭、素肠，例子不一而足。更有用菇类做的素鳝、素鲍鱼。其中的较出名的就是素翅。以素仿荤，是素食的人，心不在素吗？

先祖父晚年笃信佛教，奉行素食，家中喜庆都摆素筵，菜单依菜馔内容直说，绝不以荤名矫饰。朋友来访，谈论书法，"墨猪"这两个字也不许提。想起以前家道微时，用最简单的材料烹煮的素菜，仍然十分可口。我在"兰斋旧事"中曾提到过我家的素菜。

抗战前的广州大酒家，兼卖素菜，用料精粗俱备，以应不同食客的口味，连菜名也极其讲究，多是借喻，但也偶有依据作料直陈的。陈荣在《汉馔大全》中，列举的素菜名称和配料，共一百五十八道，其中只有八道采用荤菜名字，用料颇为有趣，有些还介绍做法。"鸡茸鱼翅"用的是薯仔粉丝，"红烧包翅"的翅针是把金针菜（即黄花菜）撕成条状，"挂炉烧鸭"是用腐皮包草菇后用油炸，"卤水猪肚"用大个的面筋切开油炸后在卤水内浸入味，而"卤水猪肠"则用红白面筋切粒炸过，用腐皮卷起成肠，等等。

至于菜名挪用高雅的借喻，真是数不胜数，使人摸不着头脑。从陈荣这一系列素菜的名称中，我选了几个例子，可见当年广州人对素菜的看重。"六根清净"是"生筋扒豆腐"；"冬深积雪"是"雪耳扒冬菇"；"太极两仪"是"粟米和青豆茸"，分两边成太极状；"桂殿飘香"是"夜香花炒桂耳"；"莲生贵子"是"鲜莲扒竹荪桂耳"；"法窍灵通"是"发菜鲜菌笋花扒通菜"；"露影仙霞"是"露笋鲜草菇扒黄耳"；"蝶影花香"是冬瓜块切蝴蝶形围在桂花耳旁；"柳影袈裟"是菜苗瓤在竹荪内，等等。

其中有一道"佛法蒲团"颇引人入胜，"法"当然是指发菜了，"蒲团"一定是圆形的东西了，即是说发菜和任何圆形的作料合在一起都可配称"佛法蒲团"了。野生菌有季节性，下面的食谱为方便读者，只用培养菌。

佛法蒲团

准备时间：1小时

材料

生筋	16个
花菇	6朵
干草菇	20克
姜	2片
木耳	3小朵
竹荪	6条（连裙）
发菜	15克
粉丝	30克
冬笋或竹笋	1只
金针菇	100克
杏鲍菇	100克
甘笋	50克
急冻青豆	¼杯
油	2汤匙+1汤匙
生粉	适量

调味料

糖、盐	各少许
盐、糖	各½茶匙
绍酒	1茶匙
胡椒粉	适量
麻油	1茶匙（最后下）

芡汁料

绍酒	1茶匙
蒸菇汁	⅓杯
生粉	2茶匙
盘晒头抽	1汤匙

> **提示**
>
> 生筋即面筋。

食谱里用料种类很多，请依谱次序先后准备，才不会混乱。蒲团用的油炸生筋，要选完整不破的，一定要汆透水，再用热水冲净油腻方可用。馅料芡汁不宜太多。蒲团煎后搁置一下质感更软嫩。

准备

1 每个生筋切一个开口❶，约3厘米长，汆水2次❷，热水冲透，挤干水分。

2 花菇冲净，放在碗里，加温水浸过面，发大后剪去菇蒂。草菇亦冲净，用水稍浸至软后，以小刀修去近菇脚之泥沙，放在小碗里，加热水仅浸过面发透，以餐叉挥打，使泥沙尽去。把花菇和草菇同放在碗里，加入两种浸菇水，以浸过菇面为准，下姜片、绍酒、糖、盐，在锅里用中火蒸30分钟。分切小粒，汁留用。

3 木耳用热水浸发至涨大，汆水后沥干，先切丝，后切½厘米长之小粒。竹荪汆水两次，冲去异味后挤干切小粒。发菜浸发后用少许油稍拌，使杂质脱落，汆水后挤去多余水分，切约½厘米粒。

4 金针菇剪去带泥的菇脚，杏鲍菇切½厘米薄片和金针菇一起放入微波炉，大火加热1分钟，移出至双层厨纸上吸干水分，俱切½厘米小粒。青豆放在微波炉里，大火加热20秒，去皮稍剁碎。

5 冬笋/竹笋去皮，切去笋头，留嫩的部分，去衣，切½厘米薄片，汆水后沥干，切½厘米长小粒。甘笋也切同样大小。

6 粉丝浸软后煮至透明，沥干水，切1厘米长段。将准备好之食材摆放在盘子里 。

煮馅法

将不粘锅放在中大火上，最先放下笋粒，白锅烘干水分，加入金针菇、杏鲍菇、木耳同炒至干身 ，继续依次下竹荪、冬菇、草菇、甘笋 。然后沿锅边下油2圈，炒匀粒粒，再加入粉丝段，下盐、糖调味，不停铲动，最后加入发菜和青豆同炒匀，入一些绍酒，下入芡汁 ❸，兜匀，试味后下麻油，铲出至平盘上，摊平馅料待冷 ❹，分为16份。

成形法

从剪口处张开生筋，瓢入馅料1份，约1汤匙多些 ，在开口处扫上生粉 ❷，粘牢开口处，稍按平便成蒲团 ❸，共做16个。

煎法

将平底不粘煎锅放在中火上，锅热时下油1汤匙，搪匀锅面，逐一放下蒲团 ，煎至一面金黄便翻面 ❷，煎至两面金黄时铲出，或可翻蒸供食。

解构

也许是积习难除，吃到新奇或有趣的菜馔时，我总想知道为什么会那么好吃——是采用哪一种材料？下了什么调味品？怎样烹饪法？都希望在品尝时能好好地找到答案。通常材料愈多，口感和味道愈复杂的菜式，挑战性就愈大。但遇到吃的是职业厨子的最拿手的菜，刨根问底是很不礼貌的。在这种场合，最好不问，就算问了也不会得到答案，反而令对方尴尬。

最近我和麦丽敏吃过一道用新鲜豆皮做的"千层"菜式，是菇类和豆品合成的素菜，觉得清淡可口，很想在家烹制。但我仍处在忌口时期，菇类不宜，虽然烧菜的厨师已告知何处可购得整块的新鲜豆皮，我们还得构思不破戒条的做法。而且，怎样才能有"千层"的效果，最值得我们花点心思。

在一本名厨写的食谱内找到几个用"千层"为食材的食谱，千层的分量是新鲜豆皮二十张，但没有详细的做法。我们毫不犹豫，立刻买来豆皮，满以为成竹在胸，不加试验便边做边拍摄，见一步行一步。我们以吃过的"鲜菌扒千层"为蓝本，进行尝试。

方形的新鲜豆皮是以十张为一单位出售的，分量已经不少，人口不多的家庭，一餐怎么也吃不完十张，所以我决定将分量减半。逻辑是：既然十张一叠，从中分半叠起便是十张了。新鲜豆皮十分易碎，不容你逐张去数，我直觉地认为这数是对的，但下第一刀分切的时候，横剖面呈现的，岂止十层！事到如此，只好硬着头皮，继续将错就错，用重物压去豆皮间的空气，"照张全收"！

压好豆皮后切块的结果，出乎意料，我们吃到的千层，是一层叠一层的千层，上面是光滑的。我们的千层，因为太厚，不能竖放，只好将剖面向上，变了横放的千层，倒也美观悦目。为了保护千层不散开，我们先行每块扑上生粉，然后把食谱上所说的"炸"改为"煎"，十六块千层便煎得完美无缺，颜色微黄便可焖了。以后的只是标准工序，没有问题。用的瑶柱是最大的碎贝，鲜味特强，加在鸡汤和上好调味料内，焖时让层层豆皮饱吸汁液，入口松软，味道淡中见浓，风味独特，实是下饭的好菜。千层的样子虽然与我们吃过的横竖有别，但师徒二人却心满意足。

做了这道菜，不无感想。首先，世上没有理所当然的"道理"，不论由于直觉或错觉，先入为主的，往往支配一切；一叠十张，分成两半叠起便是二十张了。殊不知一张新鲜豆皮，一如干了的豆皮，都是圆形的，如要从圆形改为方形，必得把圆形的四边覆上，即使说买回来的方形豆皮，实是已经叠起的双层豆皮了。如这样计算，五片腐皮切半叠起，便已有20层了。而名厨食谱内的所谓二十张，实应是二十层。我对丽敏说，以后我们若要尝试某一食谱，一字之差也不能忽略哩！

珧柱扒千层

准备时间：40分钟　压腐皮时间：1小时

材料

新鲜豆皮	10张
生粉	¼杯
油	2汤匙+2茶匙
特大碎珧柱	50克
姜	2片
绍酒	1茶匙
白糖	少许
蒜	1瓣，拍扁
小棠菜	600克
盐	1茶匙
生粉	½茶匙+水1汤匙

焖千层汁料

鸡汤	1杯+水1杯+珧柱汁
日本蚝油	2茶匙
头抽	1茶匙
绍酒	1茶匙
胡椒粉、白糖	各少许

提示

1. 在未加入小棠菜前可把整盘千层放入微波炉大火加热45秒以翻热。
2. 小棠菜为一种上海小白菜。

计错了数，致千层增加了一倍。读者可选用5张便不会叠得太厚，但焖的时间亦要相应减少。新鲜豆皮可以急冻保存起码两星期，时间太长可能会干裂。

准备

1 将10张一叠的新鲜豆皮置于工作板上，从中央直分为两半 ❶，将一半置于另一半之上 ❷，放在铝盘上，盖以铝箔，上加一块切板，板上放一锅满的水 ❸，搁1小时。

2 将珧柱放在碗里，加水1杯浸至软，下姜2片，绍酒1茶匙，糖少许，中火蒸40分钟，搁凉后撕成细丝 ❹。蒸汁留用。

3 将小棠菜去老荄，修去绿叶成菜胆形 ❺。

4 是时豆皮已压紧，修齐四边 ❻，从中分切为两半，再切成长方块的千层，大小约2厘米宽5厘米长 ❼。

5 撒生粉在碟上，逐块加入千层，使切口能蘸满生粉 **8**，以防煎时散开。

6 将平底不粘锅放在中火上，锅红时下油1汤匙搪匀锅面，小心逐块放入千层，使切面向上，煎黄一面 **9**，翻面，多加1汤匙油，再煎黄另一面，以入锅先后次序移出至双层厨纸上沥油 **10**。

焖法

1 将同一锅放在中大火上，以1茶匙油爆香蒜瓣后弃去，下鸡汤、水和珧柱汁，先倒下蚝油，继续依次下其余调味料，烧至汁开，放下千层豆皮排成一层 **1**，煮至汁液再烧开后改为中小火，加盖焖10分钟至汁液收稠 **2**。

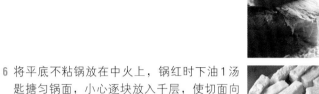

2 中锅里盛水半满，放在大火上，烧至水开时下油1茶匙，盐1茶匙，加入小棠菜，煮至水再开时，菜亦刚熟 **3**，捞出在冷水里保青。

3 移出锅里的千层块至菜盘上，加珧柱在汁里 **4**，小火煮约5分钟，下入生粉水，试味后先铲出珧柱至千层上，再倒下汁液，旁边点缀些小棠菜供食。

哪一个西湖？

杭州的西湖是国家级旅游景点。对我们第一次到杭州，住在林彪曾住的别墅—西泠宾馆小楼，这里是杭州宾馆的一部分。小楼矗立在山坡上，鸟瞰西湖，一览众胜，尽收眼底，避过所有的繁嚣和俗气。

时值盛夏，温度达42℃，杭州像一个大火炉，但宾馆的冷气系统到午夜便自动关闭，酷热难寝，我们只得先后爬起床，去浸在浴缸清凉沁人的水里。到太阳出来了，湖面升起缕缕轻烟，很快散开，又开始火热的一天。现在回想起来，还有点心惊。热力蒸发公厕的熏天臭气，今日是否依然弥漫在空气中？

杭州有不少名胜古迹，名菜如云，来到香港开店的都有声有色。邻近的深圳，有一系列的"西湖春天"饭店，香港人北上觅食的，都知道这些地方，不让"老正兴"专美于前。近年香港又有"张生记"、"华亭"等等名店，是杭州菜馆的新秀，卖的是传统和创新的杭州菜，有几道特别冠以西湖为名诸如"西湖醋鱼"、"西湖莼菜汤"、"西湖酥饼"等菜点，港人趋之若鹜。但现时在香港流行大众化的"西湖牛肉羹"，却不见杭州菜经传。1999年杭州市饮食服务处修订出版的《杭州菜谱》，集杭菜之大成，也不见有"西湖牛肉羹"这道简单不过的家常汤羹。

翻查网页，人人都说"西湖牛肉羹"是杭州菜。个人大不以为然，我认为是粤菜。粤菜食谱大都有这道汤羹的做法，而且牛肉都是经过腌泡的。用苏打粉腌牛肉，是粤厨的独门秘方，非外省厨子所长。自从粤厨进军美国中餐业后，"西湖牛肉羹"已成了"竹升"菜馆招牌汤羹之一，连老外也会点来吃哩！

惠州的西湖，名气虽不及杭州西湖显赫，但却也是全国知名的旅游胜地。北宋之前，原名丰湖的西湖，无堤无桥，人若要从西村至对岸，须坐小艇而过，极为不便，苏东坡特地率先捐俸建东西二桥，绍圣三年（1096年）二月落成，因而名为苏堤。后人认为惠州西湖，景色足与杭州西湖媲美。杭州西湖十景之中，不也有苏堤春晓吗？那苏堤不也是苏东坡任杭州知府，疏浚西湖时领头捐建的吗？

至于在惠州西湖，有没有牛肉羹呢？相信如此，但不敢肯定。我不曾到过惠州，只知先父和先母曾在惠阳糖厂工作，留下我在广州西村的协和小学寄宿，就此而已。倒是在20世纪70年代旧金山海华电视转播台湾傅培梅女士的烹饪节目，见她示范"西湖牛肉羹"时说过，这是地道的广东菜，但西湖是在杭州的，想来名字改错了。因为这种加了蛋清的广式稠结牛肉羹，很像稀稀的糊，故称之为"'稀糊'牛肉羹"，又写成"'稀糊'牛肉羹"等等。普通话"西""稀"同音，但广东话两字的发音，大有分别，想她一定不懂广东话，致使闹出这笑话。

扑朔迷离，难辨是非了。

西湖牛肉羹

准备时间：20分钟

材料

牛肉	150克
青豆	½杯
生粉	1茶匙
生抽	2茶匙
鸡汤	2杯
水	2杯
芫荽	1根
小葱	2根
马蹄粉	3汤匙
鸡蛋	2个(取蛋清)

调味料

盐	约¼茶匙
麻油	1茶匙
胡椒粉	⅛茶匙

牛肉不需太多，最好能去脂肪和筋膜后手切成小粒，放入汤内便不会粘成一团。用马蹄粉勾芡，汤色透明，清澈见底，正是淡扫娥眉，无须多施人工。

准备

1　牛肉去筋膜，顺纹切0.3厘米薄片，再切0.3厘米细条，然后逆纹切0.3厘米小粒，放在碗里加入生粉和生抽拌匀。青豆放入微波炉大火加热30秒。小葱和芫荽切成小粒。马蹄粉加水搅匀❶。

2　在容量3升的汤锅里加水2杯，用大火烧开，加入牛肉挑散❷，即移锅离炉，关火❸。将牛肉用炸篱捞出，将汤经密眼小筛倒至大碗里，隔去肉糜，倒回汤锅内，加入鸡汤2杯❹，牛肉碎留用。

煮法

1 将汤锅放回中大火上，汤开时投下青豆，煮至豆浮上汤面时 ❶，再拌匀马蹄粉浆，下入汤内，不停搅拌至汤稠 ❷。

2 加入牛肉粒 ❸，改为小火，蛋清打散，但不应打至起泡 ❹，经两支筷子中之空隙，倒漉在汤内 ❺，便见有蛋白丝浮起，略为搅拌 ❻。

3 下调味料，加入麻油 ❼，撒下葱花和芫荽粒 ❽，再加胡椒粉 ❾，试味后随意调整盐味，盛入汤碗中供食。

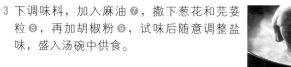

玻璃粉

我本来不知道什么叫玻璃粉的，原来是韩国店子出售的红薯粉条，包装上只有韩文和英文的营养标签，材料写上Sweet Potato两字，别无其他，但仔细读了加贴上去的小字条，发觉原产地竟是中国（P.R.C.）。记得多年前伟信从北京带给我一大包粗条的红薯粉，包装上说明四川出产，原料是红薯粉，用法可放汤、凉拌、炒、焖。我当它作粉皮用，做了几次红烧大鱼头和凉拌鸡丝，的确比粉皮韧滑，外观好，也较入味。

其实我之前也吃过红薯粉条的，1992年我们退休前曾前往成都访问一星期，在青石城的菜市场看见一盘盘的凉粉，也见到其他的粉条，但没有仔细研究。后来到了近郊的温江市，才吃到辣得头顶冒烟的川北凉粉，在别的小镇也吃到小碗的酸辣粉条，当时囫囵吞枣，只知温江的醋实在好，不知吃的就是红薯粉条。

这次女儿回来，我差她到大埔街市买菜，她见到杂货店有一扎扎的红薯粉条，记起韩国妈妈的拿手炒玻璃粉，便买齐作料回来大家一起做了。我们见识真浅，以为红薯粉便是红薯粉了，哪有什么分别。殊不知国产红薯粉有多种等级，没有包装的更无从知晓，我以为驾轻就熟，不必试，便让摄影师跟着逐步拍摄了，中途方发觉红薯粉条经水煮后不透明，一咬易断，颜色也不鲜明。但骑虎难下，只好把工序完成，成品图也拍了，因为货没有办对，很不开心。

一日，适逢又一城的Taste超市举行韩国食品节，摄影师发现韩国红薯粉条，立刻买来，决定重拍成品图。这是一道简单的素炒，任何人都可做得到，只是蔬菜是否切得匀称和大小而已，调味料一定要有上好酱油、纯麻油和即磨黑胡椒，就可炒成一盘很别致可口的玻璃粉。

刚巧读到杂志上有关四川菜的文章，方始知道原来红薯粉条有分等级，以加入野葛粉的成分去判定。可能女儿买到的是混了其他淀粉的劣等货。这也难怪，现时要买正货，可得带眼，否则费时费工，毫无食趣可言。

四川农民都会自制红薯粉，加野葛粉入红薯粉内，可能是最原始最保险的做法。为使红薯粉透明，在煮粉浆时加入少量的明矾，使口感良好。工业明矾在世界各国已禁入在食品工业中使用多时，但食用明矾在美国超市仍然有售，是腌酸黄瓜必用之物，因为用的只是少量，不足构成风险。

素炒韩国玻璃粉

准备时间：40分钟

材料

韩国红薯细粉条 180克
油 2汤匙
木耳 1大片
小洋葱 1个
小卷心白菜 .... ½个，切丝2杯
胡萝卜 ... 1小段，切丝1杯
长红辣椒 1个
小葱 1根
蒜 .... 1瓣，剁茸
盐 .... ¼茶匙

调味汁料

顶上头抽 4汤匙
日本麻油 2茶匙
白糖 1茶匙
即磨黑胡椒粉 .... ¼茶匙

图解中所用的是我们认为不合格的红薯粉条，但做法与用优质的一样，所以不再重拍，让读者可以比较。图中的干粉条，有韩文和英文在包装上的，方是上等货，请认明。荤炒的也十分可口。

准备

1 木耳放入碗先行用热水浸软。

2 在大锅里加入半锅水，用大火烧开，加入红薯粉条，用筷子挑散 ❶，一见水再开便关火，盖起闷10分钟，倒入蔬箕里冲冷 ❷，沥水待用。

3 洋葱、小卷心白菜、胡萝卜、长红椒俱切0.3厘米宽的条子，木耳最后切，蒜切碎，小葱切细丝 ❸。

4 调匀调味汁在小碗内 ❹❺。

炒法

1 将不粘锅在中大火上，锅热时下油 1 汤匙，爆炒洋葱至半透明时下蒜茸同炒❶，然后下萝卜丝❷、木耳丝❸，炒匀后拨至锅边，中央下油 1 汤匙，放入椰菜同炒❹，下盐 ¼ 茶匙调味。

2 倒入红薯粉条，用筷子挑散❺，使各种调料能拌匀炒动，跟着一面挑一面将汁料从锅边倒下❻，继续挑散至粉条热透❼，加入红椒丝和葱丝❽，试味后上碟，热食、暖食或冷食俱可。

街头零食的诱惑

活了一辈子，不由你不信，竟与街头零食无缘，皆因我出生的时间和生活环境，和今日的香港极不相同。

首先，我虽然在香港出生，但在海员大罢工后第二年（1926年），举家迁回广州。先祖父是羊城书香世家，家规甚严，深闺千金孙小姐，怎可以跑到街头买零食！当时小学生身上要有零用钱，才能在下课回家时，到学校附近的一两间小店，买些糖果、凉果，或"咸味"的甘草豆、南乳花生、鱼皮花生、斋扎蹄、斋鸭肾等。这些都是标准零食，选择不多。因为先母从不发给我零用钱，多时我只能驻足远观。有次遇到一位远房表亲同学，我禁不住央求她分给我一点她手中的零食。岂料五事传千里，被母亲听到了，认为教女无方，实属奇耻大辱，还打了我一顿。这是我一生中遭母亲体罚的唯一一次，至今不敢忘。

那时我们心目中的街头小吃，是沿门叫卖的熟咸花生、五香蚕豆、豆腐脑儿。到了放学时分，会有挑担上街的云吞面和沙河粉；这些都是我们最想吃而又只有大人批准了方能一尝的。吸引力最大的就是那卖腌酸菜的小贩，担子里有各式各样的腌酸菜，除了芥菜条、萝白、甘笋、椰菜花、辣椒，还有酸姜、皮蛋和冲鼻的辣菜。到了晚上约九点多钟，卖卤味小吃的"郭记"挑着担子，沉声地叫着："鸭头！鸭翅！"只见父亲冲出去开了大门，让"郭记"进入门房，他很享受地吃完一块又一块，好像不用付钱似的。我和哥哥站在旁边，睁大眼睛，看得口水直流，父亲完全不在意，自顾自地吃。这是父亲留给我们的印象之一。

小孩子吃不到同学们天天享受的零食，会多么不快乐！毕竟，我们是广州首席美食家的儿孙，下课后在家中没有好吃的，我们又怎会有心情做功课？我大伯娘的近身女佣六婆，最拿手做小吃，外面小店子的零食，实难与我家中的小吃相比呢！甘草豆、斋鸭肾、斋扎蹄，六婆统统做得好，只要我们好好地坐下来做功课，小吃、糖水、甜粥、点心，一一送到。但很奇怪，就算非常可口，总不似趁着小同学们一起，你一包我一包地吃那么开心！现在想来也会觉得是人生憾事！到我小学快毕业的时候，河南开始有马路，有洋房，但仍然没有随街卖零食的摊档，只有在城里双门底电影院那一带，在有盖的行人路上会见到卖桂花蝉和龙虱的小档和专卖茶浩（广东省的一个小地名）生榄的。天冷时会有人卖热蔗、热橙、热天津雪梨，只是那两三种，成不了气候。后来屡因战乱随祖父移居香港，生活困苦，零食是什么，真说不出味道。到成年时再回香港，生活更难，虽然满街满巷都是零食，全与我无关。留美国十多年后再随老公回港，那时尚未有扫荡小贩之举，"走鬼"每天必来，在滚滚烟尘之中，一车一车的鱼蛋、猪皮飞快推走了，又滚滚推回来。我怕脏，见了掉头便走。唯一在街上买的，是在九龙塘火车站外的糖砂炒良乡栗子，买了回家才吃。

记得旧日在广州放学后家中常有炸云吞作小吃，大家从大碗中用云吞去盛酸酸甜甜的卤汁，吃得满嘴满脸都是，现在想起来，满怀感慨，做起来也蛮有趣的。

酥炸云吞

准备时间：约45分钟

材料

锦卤云吞皮...300克，约20张
炸油 3杯
胸头猪肉 125克
鲜虾肉 175克
鸡蛋 ......1个（分蛋黄和蛋清）
吕宋芒果 2个
长形青、红椒........ 各1个

云吞馅调味料

生抽 1茶匙
盐 .... ¼茶匙
绍酒 .... ½茶匙
胡椒粉、白糖........各少许
生粉 .... ¼茶匙
麻油 1茶匙
鸡蛋黄...1个（分蛋黄和蛋清）

果汁芡料

橄榄油...................... 2汤匙
蒜茸 1茶匙
鸡汤 2杯
生粉 ....1½汤匙＋水¼杯
盐 .... ½茶匙
茄汁 2汤匙
喼汁 2茶匙
镇江醋 1汤匙
黄糖 2汤匙

零食与小吃已难以分辨，小吃与点心更是难以区分。在美国的家庭酒会，常有"炸云吞"这类送酒小吃，云吞炸了还要蘸酸甜汁，客人都战战兢兢的，怕弄脏主人的地方。在美国的中国餐馆，炸云吞便是常见的"头台"了。

准备

1 猪肉先切薄片，后切细条，再切粒，粗剁数下❶，置于碗中，加入调味料同拌匀。

2 虾肉从背上切为两半，再切片，继切小粒，加进有猪肉的大碗里，循一个方向搅拌至上劲❷，下蛋黄一个拌匀。放在冰箱里待用。

3 每个芒果各切出果肉2片，用汤匙把果肉挖出，皮弃去；肉切为1厘米方丁❸；青、红椒各切小粒。

云吞包法

1 将云吞皮（请读附注）一块放在左手掌上，以一角朝向身子，用馅挑涂蛋白在近身一角之上，在蛋白的底线上放1茶匙馅料❶，盖上云吞皮盖住馅料，双手按紧三角边沿，使皮子互相粘紧❷。

附注

炸的云吞皮，最好是纯用鸡蛋和面粉做成的，不应用一般加了碱的云吞皮，要到特别面店方有发售。

2 把云吞倒转方向 ❸，涂些蛋白在角上，以右
  角盖在左角上 ❹，按紧便成一只大云吞 ❺，
  摊开放在平碟上，可做20只。

炸法

1 将锅放在中大火上，锅红时下油3杯，改为
  中火，烧油至约170℃，便将一只云吞放在
  锅铲上 ❶，慢慢滑下油中，继续多放下两只
  （共3只）❷，待云吞炸至皮色呈金黄时便移
  至垫有厨纸的大碟上沥油。

2 如法炸完所有云吞。

汁煮法

将不粘锅放在中火上，锅红时下橄榄油2汤
匙，加入蒜茸稍爆，便倒入鸡汤2杯，煮至汤
开，加入其余6项芡汁调味料 ❶，不停搅拌至
汁稠 ❷，加进芒果粒，煮至芡汁重新烧开，倒
入青、红椒粒 ❸，装碗，云吞则盛在大盘上，
与果汁芡同上。

QQ

有一个时期我沉迷于收看台湾电视台的烹饪节目，也学到了不少当地的饮食习俗和方言，尤其是那些从英文直译过来的名词，使我这个老广东，也要立刻转动脑筋，才知道说的是什么。

我没有太多的台湾朋友，在美国时虽教过不少来自台湾的学生，而我所属的教会更有八成是台湾人，但他们对着我说的都是台式国语，很难从他们那里学到台湾本土流行的方言。不过，我倒在电视上学会了"QQ"原来是很传神的字眼，表达食物有嚼劲、有弹性而又爽脆的口感，加上示范的步骤和成品，观众便很容易联想到食物上口以后，所产生的反应和感觉。我认为只要形容词用得对，怎么样的口感也是可以描述的。

我不是从事饮食文学的作者，写的多是食谱和与烹调方法有关的文字，对于食物的味道和口感，许多时候我发觉很难找到适当的中文形容词。对于香港年轻一辈的大众传媒，动辄声声赞叹食物如何"好味道"和"好有口感"，真是莫名其妙，难道一个"好"字便可以说尽了味道或口感？

一位很年轻的记者在电话里问我："口感是什么？用有口感去形容食物是说什么？有没有说错？"鉴于近日"口感"之说甚嚣尘上，我以下厨人的身份，也来说说我对口感的见解。

"口感"是一个名词，是食物进入口腔以后，所产生的感觉。口感是有两方面的，首先是食物入口后要经咀嚼而感到食物的软、嫩、酥、脆、硬，这是质感。食物与舌头上的味蕾接触，食客可以感觉到酸、甜、苦、辣、咸五味，这是味觉。近年又多了"鲜（onami）"，有人连"淡"也算上了味了，而且认为"大味必淡"。那么，说"有口感"、"好有口感"，究竟说的是什么呢？说"好味道"，又是什么味呢？那是完全没有内涵、说了等于没说的空洞话，而且用法不对。如果这样去形容食物的味道和口感，而下一辈争相仿效，那么，可以预见将来所有的味道就只有"好味道"，所有的口感只有"好口感"，那会是一个怎样的饮食世界呢？

另有一说，认为口感就是texture。这过于笼统，这个英文字，用在饮食上，略近"质感"，但难有恰当的中译，我曾向多位翻译大家请教，都没有相等于食物texture的中文字。所以要说口感，必要兼说食物的味道和质感，那才算完全。

其实，任何食物入口以后，都会有口感的，让我试用番薯枣去说一下。番薯枣是炸的小吃，外皮布满了炸香酥脆的白芝麻，中间的薯茸皮混合了糯米粉和澄面，炸熟后上口软而韧，薯味清甜，包着的黑芝麻馅细滑而甘美，咬一口便有三重不同的味和质的丰富层次。台湾人若说番薯枣口感QQ，也差不多了。香港人的"好味道"和"好有口感"，又算是什么描述呢？

我一向用美国的红薯来做皮子。在香港试用过日本的黄心番薯，但觉得太干，失败了。还是用本地的红心番薯反而有上佳的效果，而且价廉物美，实惠得多了。

番薯枣

约1小时

材料

本地红心/黄心番薯...350克
糯米粉................................⅓杯
澄面、细砂糖.............各¼杯
植物油/猪油................2汤匙
日本黑芝麻酱.................1瓶
细砂糖..........2汤匙(或多些)
白芝麻..............................1杯
炸油..................................4杯
麻油..............................1汤匙
干粉..................................适量

本地红心番薯汁多,蒸熟后立即捣烂,趁热加入干粉搓成团,薯蓉皮已有八成热,很易控制。黑芝麻馅是用日式的黑芝麻酱,属半制成品,品质极高,可省去洗芝麻、炒芝麻和磨芝麻的麻烦。

准备

1 打开黑芝麻酱瓶盖,滗出芝麻油至小碗里,倒芝麻酱至中碗里,加入细砂糖及麻油1汤匙拌匀❶,用茶匙分盛约1茶匙的芝麻酱在铝箔上❷,一瓶约得20粒,放入冰格内冻硬。

2 番薯放在蒸架上,大火蒸30分钟至熟,去皮,放在炸篱里,用木匙压碎,然后放在大碗里❸,刮净附着在炸篱外的薯茸,弃去留在箕里的纤维。

3 拌匀两种干粉。先加糖入薯茸里和匀❹,再撒下澄粉❺,最后下油搓至薯茸粉团光滑❻,便移至工作板上,搓成长条❼,分为两份,每份分切8段❽。

成形

1 取一段薯茸，切口向上放在掌心，双掌一压即成圆片。放一粒芝麻馅在中央❶，用虎口捏合，修成丸子❷，再用双掌搓成椭圆形便成薯枣❸。

2 小碗里装些清水❹，先把薯枣在水里一蘸，微湿表面，然后放在一碟芝麻里翻滚❺，再用掌轻握使芝麻粘紧❻。

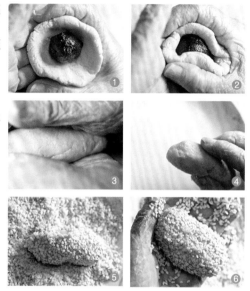

炸法

1 在锅内下油4杯，中火烧至油温约为180℃，将一半薯枣逐一下锅，炸至浮起时移出❶。

2 如法炸其余一半薯枣，移出后烧油回复180℃，将所有炸了一次的薯枣全部加入热油中❷，加油温至中大火，炸至金黄便捞出沥油。

3 可趁热吃亦可放冷了吃。

马豆的疑惑

香港家喻户晓的马豆糕，用的马豆是什么？有人说是马吃的豆，有人说，马豆糕内有椰汁，想是来自蕉风椰雨的马来西亚。人言人殊，尽管网上的马豆糕食谱多如恒河沙数，但不见有网友介绍马豆。

马豆就是干的豌豆，有黄色和绿色的两个品种。我们吃豌豆，太有层次了。先从豆苗说起；再深一层是我们经常食豌豆荚的"荷兰豆"；荷兰豆长至豆子成形，又可剥来炒吃，是我们常说的青豆仁；再长至成熟，就是绿豌豆，而另一种黄豌豆生长时间较长，我们叫它"马豆"。这是广东的食用豌豆文化。以前在花店内，有一束束的香豆花，这种豌豆，取花而不食用，属于观赏的另类。

说到豌豆，在土耳其，大约公元前5600年，已有人以干豌豆为主食了。中国在公元前2000年已有野生的豌豆，是世上最先兼食豆荚和豆子作蔬菜的国家之一。直到唐代（公元618—907年），中国才开始种植。在英国，豌豆曾在"黑暗时代"忽然消失，直到亨利八世统治时，方由荷兰人再次引进，重新种植。大概广东"荷兰豆"之名是从英国得来。现时只为干豆而种植的豌豆，叫"荷兰褐豆（Holland brown）"，是否用以喂马，绝不敢肯定。

广东人没有吃干豌豆的传统，不似华北地区，豌豆有如主食。最著名的清朝宫廷点心，"豌豆黄"只是用豌豆泥加糖煮成，因为颜色不够漂亮，便加一些黄栀子作为染料。口味挑剔的广东人，真的看不起这类乏趣的太后名点。

在今日欧美人的眼中，干豌豆的食疗价值极高。它含有可溶性纤维，容易为身体所吸收，不像其他淀粉质，一吃下便产生热能，推高血糖，糖尿病人不宜食用。而豌豆能慢慢在体内供给热能，有助调节血糖的功用。近年的研究发现，豌豆可减低体内引起动脉粥样硬化的凝块斑（plaque），也有降低血压的功用。还有，一杯煮豌豆，可以供给每人每日所需的钾量超过20%。欧美人常以干豌豆当副食，节食的人也为了豌豆的营养而食用。美国的健康食品店，常有豌豆沙拉，一盘盘的，与其他食材拌好，可以外卖。

欧洲，从瑞士到北欧很多国家，甚至包括法国，都有喝豌豆汤的传统。老公最喜欢喝豌豆汤，在加州南部的丹麦城Solvang，附近有一家很著名的安得逊豆汤店（Anderson Pea Soup），豆汤是用绿色豌豆磨成茸，加上腌火腿煮成，冬天吃一碗，温暖饱肚满足。该店的罐头豆汤，畅销全省，可以买回家中享用。

但，为什么豌豆在香港会被称作"马豆"呢？还望读者有以教我。

椰汁马豆糕

准备时间：30分钟（浸豆时间另计）

材料

黄色干马豆（豌豆）.....½杯
鱼胶粉.....................2汤匙
水.............................½杯
浓椰浆.....................¾杯
淡奶.........................1小罐
白糖.........................¾杯
粟粉.........¾杯 + 水$1\frac{1}{2}$杯

马豆糕的作料可以说全部是外来，却是不折不扣的香港味道。没有什么窍门，简单易做，是很可口的甜点，也是年轻人的派对食品。马豆要买黄色的，其实绿色的也可用，只是不符合传统而已。做一盘切块，或分盛在小杯内，悉随尊便。

准备

1 拣选马豆(豌豆)，将杂质弃去，放在大碗里，加水浸2小时 ❶，沥水后放在小锅里 ❷，加水盖过面，中火煮20分钟，倒入蔬箕里沥干水分待用。

2 在小碗里调匀鱼胶粉和水 ❸。在另一碗里将粟粉和水拌匀 ❹。

煮法

1 在容量3升的不粘小锅里，加入椰浆❶和白糖❷，中大火烧开，煮至糖溶后加淡奶❸❹，不停搅拌至重新烧开，改为中火，倒入鱼胶粉❺，搅拌均匀❻。

2 将粉浆再搅拌一下，慢慢倒入热糕糊里❼，边入边轻轻搅拌，煮至见有气泡产生时❽❾，多煮5分钟确保全熟，便倒入马豆拌匀❿⓫。

3 可倒进长盘或小杯内，搁凉后放进冰箱里冷藏约2小时便可供食。